Ján Derco - Mária Horváthová
Barbora Urminská - Oľga Čižmárová
Ronald Zakhar

Usuwanie wybranych związków chloroorganicznych za pomocą procesów opartych na ozonie

Ján Derco - Mária Horváthová
Barbora Urminská - Oľga Čižmárová
Ronald Zakhar

Usuwanie wybranych związków chloroorganicznych za pomocą procesów opartych na ozonie

Wydawnictwo Bezkresy Wiedzy

Imprint
Any brand names and product names mentioned in this book are subject to trademark, brand or patent protection and are trademarks or registered trademarks of their respective holders. The use of brand names, product names, common names, trade names, product descriptions etc. even without a particular marking in this work is in no way to be construed to mean that such names may be regarded as unrestricted in respect of trademark and brand protection legislation and could thus be used by anyone.

Cover image: www.ingimage.com

Publisher:
Wydawnictwo Bezkresy Wiedzy
is a trademark of
International Book Market Service Ltd., member of OmniScriptum Publishing Group
17 Meldrum Street, Beau Bassin 71504, Mauritius
Printed at: see last page
ISBN: 978-620-0-54242-7

Usuwanie wybranych związków chloroorganicznych za pomocą procesów opartych na ozonie

Spis treści

1 Wprowadzenie

Substancje priorytetowe, mikro-zanieczyszczenia i nowe pojawiające się substancje zanieczyszczające należą do najpoważniejszych aktualnych i możliwych do przewidzenia kwestii ochrony zdrowia ludzkiego i zdrowego środowiska. Oczyszczalnie ścieków nie są w stanie całkowicie wyeliminować ze ścieków zanieczyszczeń, w szczególności mikrozanieczyszczeń i substancji trwałych. Dlatego też należą one do ważnych źródeł punktowych tych substancji w środowisku. Już teraz podejmuje się wysiłki na rzecz przyjęcia wykonalnych i niezawodnych technik oczyszczania, które pozwolą na skuteczniejsze oczyszczanie ścieków, tak aby oczyszczalnie mogły lepiej zapobiegać emisji szkodliwych substancji do środowiska wodnego. W związku z tym należy dążyć do realizacji dwóch ważnych zadań: oceny zdolności konwencjonalnych procesów biologicznych do usuwania zanieczyszczeń oraz oceny ewentualnych wymogów dotyczących dodatkowego leczenia (trzeciego stopnia).

Zanieczyszczenie chemiczne wód powierzchniowych stanowi zagrożenie dla życia w środowisku wodnym, wywołując takie skutki, jak ostra i chroniczna toksyczność dla organizmów wodnych, bioakumulacja i utrata siedlisk, różnorodność biologiczna, a ostatecznie zagrożenie dla zdrowia ludzkiego. Priorytetem powinno być zidentyfikowanie przyczyn zanieczyszczenia, tak aby zająć się emisjami w sposób jak najbardziej efektywny pod względem ekonomicznym i środowiskowym.

Przedmiotem poważnego zaniepokojenia jest obecnie grupa chemikaliów znanych jako pestycydy. Są to substancje biologicznie czynne stosowane jako środki ochronne głównie w rolnictwie. Pestycydy przedostają się do środowiska wodnego głównie poprzez spłukiwanie pól oraz do ścieków z oczyszczalni ścieków. W niedawnej przeszłości pestycydy były produkowane głównie na bazie chlorofenoli, które są charakterystyczne ze względu na ich trwałość w środowisku naturalnym. Ze względu na wysoką zdolność do bioakumulacji tych substancji, ich niskie stężenie w wodzie jest również bardzo niebezpieczne dla środowiska, w tym dla ludzi.

Praca ta koncentruje się na obecnym stanie procesów utleniania ozonowego stosowanych do usuwania pestycydów. Aktualny stan będzie analizowany i oceniany z punktu widzenia poszukiwań literaturowych, jak również poprzez przedstawienie wyników badań własnych na Wydziale Inżynierii Środowiska, Wydziału Technologii Chemicznej i Żywności Słowackiego Uniwersytetu Technicznego (FCHFT SUT) w tym zakresie.

2 Pestycydy

Pestycydy to grupa substancji stosowanych w rolnictwie i leśnictwie przeciwko szkodnikom, chorobom i chwastom. Zostały one zaprojektowane tak, aby zabijać lub w inny sposób szkodzić organizmom żywym, które powodują szkody w uprawach i innych produktach działalności człowieka.około 80% produkowanych pestycydów to herbicydy, zwłaszcza środki ochrony roślin, które chronią rośliny przed chwastami.

Zgodnie z Międzynarodowym kodeksem postępowania w sprawie dystrybucji i stosowania pestycydów, wydanym przez Organizację Narodów Zjednoczonych ds. Wyżywienia i Rolnictwa, pestycyd jest "*każdą substancją lub mieszaniną substancji przeznaczoną do zapobiegania, niszczenia lub zwalczania wszelkich szkodników, w tym wektorów chorób ludzi i zwierząt, niepożądanych gatunków roślin lub zwierząt, powodujących szkody podczas lub w inny sposób zakłócających produkcję, przetwarzanie, przechowywanie, transport lub wprowadzanie do obrotu żywności, towarów rolnych, drewna i produktów z drewna lub pasz zwierzęcych, lub substancji, które mogą być podawane zwierzętom w celu zwalczania owadów, pajęczaków lub innych szkodników w ich organizmach lub na ich powierzchni. Termin ten obejmuje substancje przeznaczone do stosowania jako regulator wzrostu roślin, środek złuszczający, osuszający lub środek do przerzedzania owoców lub zapobiegania przedwczesnemu opadaniu owoców. Stosowane również jako substancje stosowane w uprawach przed lub po zbiorach w celu ochrony towaru przed zepsuciem podczas przechowywania i transportu*". (Organizacja ds. Żywności i Rolnictwa, 2005).

Większość pestycydów to substancje trwałe, toksyczne i nieulegające biodegradacji, które mogą się bioakumulować i prowadzić do poważnych problemów zdrowotnych. Najbardziej problematyczne pestycydy zostały włączone do listy trwałych zanieczyszczeń organicznych przez państwa członkowskie UE (Dyrektywa 2013/39/UE, 2013). Zanieczyszczenia pestycydami pochodzą z punktowych i pozapunktowych źródeł, takich jak spływy polowe, polowe rury odwadniające, ścieki z oczyszczalni ścieków, przelewy kanalizacyjne i spływy z podwórek rolnych (Rizzo i in.).

2.1 Klasyfikacja i zastosowanie

Pestycydy mogą być klasyfikowane albo ze względu na ich strukturę chemiczną, albo ze względu na rodzaj szkodników, przeciwko którym są stosowane. Najważniejsze grupy to herbicydy (niszczące chwasty), gryzonie (przeciwko myszy i szczurom), fungicydy, insektycydy, moluskocydy (zabijające ślimaki i ślimaki), biocydy (niszczące mikroorganizmy), akarycydy (przeciwko kleszczom i roztoczom) oraz algicydy (zwalczające wzrost glonów) (Jayraj i in., 2016).

Według struktury chemicznej, większość pestycydów należy do jednej z poniższych grup:

1. Pestycydy chloroorganiczne
2. Pestycydy fosforoorganiczne

3. Pestycydy triazynowe
4. Pestycydy fenylomocznikowe (Phenylurea)
5. Pestycydy chloroacetanilidu
6. Pestycydy dinitroanilinowe
7. Pestycydy piretowe
8. etery difenylowe
9. Pestycydy chinolinowe

2.2 Występowanie w środowisku naturalnym

Pestycydy są jednymi z najczęściej występujących substancji priorytetowych, które są stosowane w wielu zastosowaniach rolniczych, mieszkaniowych, komercyjnych i przemysłowych do zwalczania i zabijania szkodników. Pomagają one w walce z chorobami i zwiększają wydajność rolnictwa. Z drugiej strony, pestycydy mogą być transportowane do powietrza, wody, gleby i biomasy po licznych zastosowaniach i mogą powodować zagrożenia dla ekosystemu i zdrowia ludzkiego (Felsot i in., 2003).

Zasoby wody pitnej mogą być zanieczyszczone pestycydami, ponieważ pestycydy mogą być przenoszone do wód powierzchniowych lub systemów wód gruntowych. Pestycydy znajdujące się w wodzie pitnej mogą mieć potencjalny wpływ na zdrowie ludzi, w zależności od ilości i toksyczności pestycydów oraz częstotliwości/ długości okresu narażenia ludzi na kontakt ze skażoną wodą pitną. Ponieważ pestycydy są stosowane bezpośrednio na uprawach, owocach i warzywach w większości zastosowań rolniczych, niemowlęta, dzieci i dorośli mogą być narażeni na kontakt z pestycydami poprzez spożycie tych skażonych pestycydami żywności. Pestycydy mogą występować w powietrzu w pomieszczeniach mieszkalnych poprzez odparowanie lotnych i półlotnych pestycydów, takich jak pestycydy chloroorganiczne, z upraw i powierzchniowej gleby mieszkalnej. Ponadto, pestycydy mogą być wydmuchiwane z pól rolnych przez różne warunki pogodowe. Narażenie ludzi na działanie pestycydów może również wystąpić poprzez kąpiele w rzekach, jeziorach lub basenach, w których woda została skażona pestycydami, branie prysznica, gdy woda jest pompowana ze skażonej pestycydami wody gruntowej itp. Standardowe wartości dla pestycydów dla każdej drogi narażenia człowieka powinny być wyprowadzone na podstawie danych toksykologicznych z laboratoriów i modeli ryzyka dla zdrowia ludzkiego (Organizacja Narodów Zjednoczonych ds. Żywności i Rolnictwa, 2002; Koplin i in., 1998).

Woda może być zanieczyszczona przez OCP głównie w następujący sposób:
- z rozpylaczy aerozolowych stosowanych przez samoloty,
- przechodząc przez nienasyconą strefę,
- poprzez wymywanie z gleby,
- od wycieku podczas obchodzenia się z pestycydami i ich składowania.

Czynniki, które wpływają na wpływ każdego pestycydu na zanieczyszczenie wody to: rozpuszczalność pestycydów, miejsce aplikacji (odległość od cieku wodnego lub szerokość strefy nienasyconej), warunki pogodowe, rodzaj gleby i podłoża, ilość plonów, sposób aplikacji OCP (Barbosa i in., 2016; Pál i in., 2011).

2.3 Prawodawstwo

Dyrektywa w sprawie środowiskowych norm jakości (dyrektywa UE 2008/105/WE zmieniająca, a następnie uchylająca dyrektywy Rady 82/176/EWG, 83/513/EWG, 84(156/EWG, 84/4/9/EWG, 86/280/EWG oraz zmieniająca dyrektywę 2000/60/WE)) ustanawia surowe normy jakości dla części wód. Określiła ona dobry stan chemiczny, który ma zostać osiągnięty przez wszystkie państwa członkowskie w 2015 r. i wraz z ramową dyrektywą wodną 2000/60/WE (RDW) dała podstawę prawną dla monitorowania substancji priorytetowych w wodzie, osadach oraz faunie i florze. To właśnie w 2008 r. Parlament Europejski i Rada po raz pierwszy opublikowały dyrektywę w sprawie norm jakości środowiska. Środowiskowe normy jakości (EQS) zostały określone dla substancji priorytetowych i niektórych innych zanieczyszczeń, jak przewidziano w art. 16 ramowej dyrektywy wodnej 2000/60/WE (RDW), w celu osiągnięcia dobrego stanu chemicznego wód powierzchniowych. Każde państwo członkowskie Unii Europejskiej posiada plan zarówno oceny swoich części wód, jak i osiągnięcia zgodności ze średnimi i maksymalnymi rocznymi stężeniami, jak określono w dokumencie (Li i in., 2017).

W dyrektywie 2013/39/UE (zmieniającej dyrektywy 2000/60/WE i 2008/105/WE w odniesieniu do substancji priorytetowych w dziedzinie polityki wodnej) zwrócono uwagę na ważną rolę monitorowania pojawiających się zanieczyszczeń, które nie są regularnie uwzględniane w programach monitorowania, ale które mogą mieć skutki ekotoksykologiczne i toksykologiczne. Dyrektywa 2013/39/UE promuje działania zapobiegawcze i zasadę "zanieczyszczający płaci", identyfikację przyczyn zanieczyszczeń, radzenie sobie z emisjami zanieczyszczeń u źródła i wreszcie rozwój innowacyjnych technologii oczyszczania wody/ścieków, unikając kosztownych rozwiązań. Lista substancji priorytetowych została rozszerzona w tej dyrektywie i obecnie obejmuje 45 substancji chemicznych lub grup substancji chemicznych, jak pokazano w tabeli 2.1 (Ribeiro i in., 2015).

Tabela 2.1 Wykaz substancji priorytetowych w dziedzinie polityki wodnej (dyrektywa 2013/39/UE)

Nazwa substancji priorytetowej	Numer CAS	Zidentyfikowana jako priorytetowa substancja niebezpieczna
Alachlor	15972-60-8	Nie
Antracen	120-12-7	Tak
Atrazine	1912-24-9	Nie
Benzene	71-43-2	Nie
Bromowane difenyloetery	nie mający zastosowania	Tak

Kadm i jego związki	7440-43-9	Tak
Chloroalkany, C10-13	85535-84-8	Tak
Chlorfenvinphos	470-90-6	Nie
Chlorpyrifos (chloropiryfos etylowy)	2921-88-2	Nie
1,2-dichloroetan	107-06-2	Nie
Dichlorometan	75-09-2	Nie
Ftalan di(2-etyloheksylu) (DEHP)	117-81-7	Tak
Diuron	330-54-1	Nie
Endosulfan	115-29-7	Tak
Fluoranthene	206-44-0	Nie
Heksachlorobenzen (HCB)	118-74-1	Tak
Heksachlorobutadien (HCBD)	87-68-3	Tak
Heksachlorocykloheksan (HCH)	608-73-1	Tak
Isoproturon	34123-59-6	Nie
Ołów i jego związki	7439-92-1	Nie
Rtęć i jej związki	7439-97-6	Tak
naftalina	91-20-3	Nie
Nikiel i jego związki	7440-02-0	Nie
Nonylphenols	nie mający zastosowania	Tak
Oktylofenole	nie mający zastosowania	Nie
Pentachlorobenzen (PeCB)	608-93-5	Tak
Pentachlorofenol	87-86-5	Nie
Węglowodory poliaromatyczne (PAH)	nie mający zastosowania	Tak
Simazine	122-34-9	Nie
Związki tributylocyny	nie mający zastosowania	Tak
Trichlorobenzeny	12002-48-1	Nie
Trichlorometan (chloroform)	67-66-3	Nie
Trifluralina	1582-09-8	Tak
Dicofol	115-32-2	Tak
Kwas perfluorooktanowy sulfonowy i jego pochodne (PFOS)	1763-23-1	Tak
Quinoxyfen	124495-18-7	Tak
Dioksyny i związki dioksynopodobne	nie mający zastosowania	Tak
Aclonifen	74070-46-5	Nie

Bifenox	255-894-7	Nie
Cybutryna	248-872-3	Nie
Cypermetryna	257-842-9	Nie
Dichlorvos	200-547-7	Nie
Heksabromocyklododekany (HBCDD)	nie mający zastosowania	Tak
Heptachlor i epoksyd heptachloru	200-962-3/ 213-831-0	Tak
Terbutryna	212-950-5	Nie

Dyrektywa 2013/39/UE obejmuje następujące pestycydy: aldrynę, dieldrynę, endrynę, izodrynę, endosulfan, dikofol, heptachlor i epoksyd heptachloru, pentachlorofenol, heksachlorocykloheksan (HCH) - np. Lindan, heksachlorobenzen, heksachlorobutadien, dichlorodifenylo-trichloroetan (DDT), chlorfenwinfos, chloropiryfos, dichlorfos, atrazyna, cybutryna, symazyna, terbutryna, diuron, izoproturon, alachlor, trifluralina, cypermetryna, aklonifen, bifenoks i chinoksyfen. Normy jakości środowiska określone w dyrektywie 2013/39/UE dla tych pestycydów znajdują się w tabeli 2.2 (Ribeiro i in., 2015).

Tabela 2.2 Wykaz pestycydów należących do organicznych substancji priorytetowych w dziedzinie polityki wodnej oraz niektórych innych zanieczyszczeń określonych w dyrektywie 2013/39/UE (Ribeiro i in., 2015).

Klasa	Składniki	AA-EQS (µg-L-1)	MAC-EQS (µg-L-1)	Fauny i flory EQS (µg-kg-1 mokra masa)	Priorytetowa substancja niebezpieczna
Pestycydy chloroorganiczne	Pestycydy cyklodienowe, w tym aldryna, dieldryna, endryna i izodryna	Σ: 0,005-0,01	n.a.	- -	Nie
	Endosulfan	0,0005-0,005	0,004-0,01	33	Tak
	Dicofol	3,2 x 10-5-1,3	n.a.	6,7 x 10−3	Tak
	Heptachlor i epoksyd heptachloru	x 10-3	3 x 10-5-3 x	-	Tak
	Pentachlorofenol	1 x 10-8-2 x 10-7	10-4	-	Nie
	Heksachlorocycloheksan (HCH): np.	0,4	1,0		Tak
	γ-HCH lub Lindan	0,002-0,02	0,02-0,04	10	Tak
	Heksachlorobenzen	-	0,05	55	Tak
	Heksachlorobutadien	-	0,6	-	
	Dichlorodifenylo-trichloroetan (DDT)		n.a.		Nie
	Razem i p.p´-DDT	0,025 (DDT ogółem) 0,01 (p.p´-DDT)			
Pestycydy fosforoorganiczne	Chlorfenvinphos	0,1	0,3	-	Nie
	Chlorpyrifos (chloropiryfos etylowy)	0,03	0,1	-	Nie
	Dichlorvos	6 x 10-5-6 x 10-4	7 x 10-5-7x 10-4	-	Tak
Pestycydy triazynowe	Atrazine	0,6	2,0	-	Nie
	Cybutryna	0,0025	0,016	-	Nie
	Simazine	1,0	4,0	-	Nie
	Terbutryna	0,0065-0,065	0,034-0,34	-	Nie

Pestycydy fenylomocznikowe (Phenylurea)	Diuron Isoproturon	0,2 0,3	1,8 1,0	- -	Nie Nie
Pestycyd chloroacetanilid	Alachlor	0,3	0,7	-	Nie
Pestycyd dinitroanilinowy	Trifluralina	0,03	n.a.	-	Tak
Pestycyd piretowy	Cypermetryna	8 x 10-6-8 x 10-5	6 x 10-5-6x 10-4	-	Nie
Pestycydy difenylowe eterów difenylowych	Aclonifen Bifenox	0,012-0,12 0,0012-0,012	0,012-0,12 0,004-0,04	- -	Nie Nie
Pestycydy chinolinowe	Quinoxyfen	0,015-0,15	0,54-2,7	-	Tak

AA: średnie roczne stężenie; EQS: Normy jakości środowiska; MAC: maksymalne dopuszczalne stężenie: n.d. , nie dotyczy, będące średnimi rocznymi wartościami EQS odpowiadającymi krótkoterminowym szczytom zanieczyszczeń przy zrzutach ciągłych.

2.4 Właściwości pestycydów chloroorganicznych

Pestycydy chlorowane organicznie to zróżnicowana chemicznie grupa substancji syntetyzowanych w celu zwalczania szkodników. Ich wspólną cechą jest struktura złożona z cyklicznych polichlorowanych molekuł. W temperaturze pokojowej OCP są zazwyczaj nielotnymi ciałami stałymi i ich wpływ na ośrodkowy układ nerwowy (OUN) jest stymulujący. Dla porównania: większość innych chlorowanych substancji organicznych to gazy i ciecze, o działaniu hamującym CNS.

OCP można podzielić na następujące grupy:

- DDT i jego metabolity
- cyklodieny (np. aldryna, dieldryna, endryna itp.)
- lindan i substancje pokrewne
- toksafen i związane z nim związki

Większość OCP ma ujemny współczynnik temperaturowy, co oznacza, że w niskich temperaturach wykazują wyższą toksyczność, co prowadzi do zwiększonej toksyczności wobec organizmów zimnokrwistych w porównaniu ze ssakami. Podstawowym mechanizmem działania tych pestycydów jest neurotoksyczność, która prowadzi do bezruchu i zatrzymuje oddychanie owadów. Substancje te są powszechnie rozpuszczane w substancjach benzynowych. OCP są dobrze wchłaniane doustnie i podlegają metabolizmowi wątrobowemu w organizmie. Lindan i cyklodieny są bardzo łatwo wchłaniane przez skórę. Po ekspozycji, OCP szybko przenikają do OUN i są również rozprowadzane do krwi i tkanek tłuszczowych, gdzie ulegają bioakumulacji, tzn. mają ostrą neurotoksyczność, ale także przewlekłą trwałość w organizmie. Ze względu na fakt, że substancje te działają przede wszystkim na układ nerwowy lub hormonalny szkodników, są one również toksyczne dla (Vohra i in., 2010).

Toksyczność ostra była jednym z pierwszych dokładnie zbadanych negatywnych skutków OCP dla zdrowia ludzkiego. Obecnie zakazana jest produkcja pestycydów o wysokim poziomie ostrej toksyczności dla ludzi. Jednakże toksyczność jest określona dla osób dorosłych i nie uwzględnia skumulowanego wpływu kilku substancji na organizm ludzki. Badania niemieckie wykazały znacznie niższe młocki u dzieci, jak również w grupach wrażliwych: kobiety w ciąży, matki karmiące, wegetarianie (którzy spożywają więcej warzyw i owoców niż przeciętny człowiek). Opisano już pewne negatywne skutki, np. istnieje korelacja między białaczką dziecięcą a domowym stosowaniem środków owadobójczych, a zwiększone ryzyko wystąpienia raka nerek było związane z nadmierną ekspozycją rodziców na OCP w rolnictwie. Chroniczna toksyczność OCP wynika głównie z ich trwałości w środowisku i bioakumulacji w organizmach (z których większość jest bardzo dobrze rozpuszczalna w tłuszczach i nie rozpuszcza się w wodzie). Najbardziej znanym przykładem jest środek owadobójczy DDT (w UE 40 lat temu) i jego metabolit DDE, które są nadal obecne we krwi ludzi, w tym najmłodszego pokolenia (Kleanthi i in., 2008).

Do najczęstszych objawów przewlekłej toksyczności OCP należą: rakotwórczość i toksyczność reprodukcyjna. Ze względu na fakt, że choroby te rozwijają się przez kilka lat do dziesięcioleci, konsekwencje narażenia na pestycydy mogą pojawić się z opóźnieniem. Dlatego też jest prawdopodobne, że wiele obecnie stosowanych pestycydów nie zostało jeszcze opisanych jako toksyczne, a niektóre z nich nie wykazały jeszcze toksycznego wpływu na ludzi i dlatego są nadal stosowane. Niektóre substancje (lindan, fungicyd winklozolina itp.) wpływają na układ rozrodczy (wielopokoleniowe problemy hormonalne, niepłodność, mutacje, niekorzystne ciąże) (Mrema i in., 2012).

W ostatnich latach badana była kwestia substancji zakłócających naturalne funkcjonowanie układu hormonalnego. Mechanizmy toksyczności, jak również wpływ poszczególnych substancji zaburzających gospodarkę hormonalną są nadal badane. Badania komplikuje fakt, że podobnie jak w przypadku rakotwórczości, choroba objawia się z kilkuletnim opóźnieniem. Wykazano również korelację między stosowaniem pewnej grupy fosforanów organicznych a obniżeniem IQ u dzieci (Tabela 2.3, Jayraj i in., 2016).

Tabela 2.3 Pestycydy chlorowane organicznie i ich efekty biochemiczne (Jayaraj i in., 2016)

Nazwa	Użyj	Trwałość w środowisku / półtrwałość	Skutki biochemiczne dla ludzi
DDT (dichlorodifenylo-trichloroetan)	Środek owadobójczy środek roztoczobójczy	wysoki /2-15 lat	nudności, ból głowy, senność, zawroty głowy, anoreksja, anemia, niepokój, drgawki
DDD (dichlorodifenylodichloroetan)	Środek owadobójczy	wysoko /5-10 lat	neurotoksyczność
DDE (dichlorodifenylodichloroetan)	Środek owadobójczy	wysokie /10 lat	torbiele rąk, swędzenie, łuszczyca, egzema, leukoderma
Dicofol	środek roztoczobójczy	umiarkowane / 60 dni	neurotoksyczność
Endrin	Środek owadobójczy avicide	umiarkowane /1 dzień 12 lat	neurotoksyczność
Dieldrin	Środek owadobójczy	umiarkowane /9 miesięcy	neurotoksyczność, działanie reprodukcyjne, rozwojowe, immunologiczne i genotoksyczne, anemia
Methoxychlor	Środek owadobójczy	umiarkowane /4 miesiące	obniżona płodność
Chlordan	Środek owadobójczy	umiarkowane /10 lat	napady drgawek, depresje, załamanie organizmu
Heptachlor	Środek owadobójczy	wysoko / 2 lata	neurotoksyczność
Lindane	środek roztoczobójczy insektycyd gryzoniobójczy	wysoki /15 miesięcy	hepatotoksyczność, neurotoksyczność, zaburzenia rozwoju, skutki rakotwórcze
Endosulfan	Środek owadobójczy	umiarkowane /35-150 dni	zmniejszona liczba białych krwinek, układ rozrodczy, uszkodzenie DNA
Izodryna	Środek owadobójczy	wysoki /0,5-6 lat	neurotoksyczność
Isobenzan	Środek owadobójczy	wysoko /2,8 roku	neurotoksyczność
Chlorpropylan	środek owadobójczy - akarycyd	umiarkowane / 50 dni	neurotoksyczność
Aldrin	Środek owadobójczy	wysoki /4-7 lat	neurotoksyczność, działanie reprodukcyjne, rozwojowe, immunologiczne i genotoksyczne, anemia

1,4-dichlorobenzen		umiarkowane /do 50 dni	neurotoksyczność
Hexachlorbenzen	środek owadobójczy - akarycyd rodentycyd	wysoko /3-6 lat	torbiele rąk, swędzenie, łuszczyca, egzema, leukoderma
Mirex	Środek owadobójczy	wysokie /10 lat	neurotoksyczność
Pentachlorofenol	środek grzybobójczy herbicyd Środek owadobójczy	umiarkowane /45 dni	zapalenie dróg oddechowych, zapalenie oskrzeli, anemia, zaburzenia immunologiczne
Toxaphene	środek owadobójczy w postaci akarycydu	wysokie /11 lat	neurotoksyczność

Z grupy pestycydów chloroorganicznych do dalszych badań wybrano następujące: lindan (γ-heksachlorocykloheksan), pentachlorofenol, heksachlorobenzen, heksachlorobutadien i heptachlor.

2.4.1 Lindane

Czysty lindan (LIN) jest otrzymywany w wyniku późniejszej rekrystalizacji technicznego heksachlorocykloheksanu. Wzór strukturalny γ-HCH (lindan) oraz podsumowanie właściwości fizykochemicznych podano w tabeli 2.4.

Heksachlorocykloheksany (HCHs) to termin, który łącznie identyfikuje osiem izomerów heksachlorocykloheksanu. HCH to grupa związków dobrze znanych ze swojej trwałości w przedziałach środowiskowych i toksyczności dla ludzi i zwierząt (Bhatt i in., 2009). Zostały one sklasyfikowane jako trwałe zanieczyszczenia organiczne (POP) przez Konwencję Sztokholmską (Konwencja Sztokholmska w sprawie POP). Każdy z ośmiu izomerów różni się osiowo-równoległym położeniem atomów chloru w pierścieniu cykloheksanowym i są one oznaczone greckimi literami α, β, γ, δ, ε, η, θ. Synteza techniczna przemysłowej skali HCHson polega na chlorowaniu benzenu katalizowanego promieniowaniem UV. Otrzymana mieszanina ośmiu izomerów, technicznych HCH, zawiera około 10-12% pożądanego izomeru γ-HCH, jedynego izomeru wykazującego właściwości pestycydowe (Berger i in., 2016).

Tabela 2.4 Właściwości fizykochemiczne γ-HCH (lindan)

Własność	**Wartość**
Numer CAS	58-89-9

Wzór strukturalny	Cl, Cl, Cl, Cl, Cl, Cl (wzór strukturalny heksachlorocykloheksanu)
Wzór molekularny	C6H6Cl6
Masa cząsteczkowa	290,8 g-mol-1
Prawo Henry'ego jest stałe w temperaturze 25°C	0,52 Pa-m3-mol-1
Gęstość przy 25°C	1.834 g-cm-3
Temperatura wrzenia	323°C
Temperatura topnienia	113°C
Prężność par przy 25°C	9,93 x 10-2 Pa
Logarytm współczynnika podziału oktanol/woda w temperaturze 20°C	3.7
Rozpuszczalność w wodzie przy 25°C	7,3 mg-L-1
Rakotwórczość	Grupa rakotwórcza 2B

W niedawnej przeszłości techniczne HCH (mieszanina izomerów HCH) i γ-HCH były szeroko stosowane, w szczególności do zwalczania szkodników rolniczych i komarów. Lindan był stosowany jako środek owadobójczy o szerokim spektrum działania i przyjmowany w kontakcie z konikiem polnym, owadami z kohorty, owadami ryżowymi, tasiemcami i innymi szkodnikami gleby. Stosowano go również do ochrony nasion, leczenia drobiu i zwierząt gospodarskich, kontroli wektorów w gospodarstwie domowym, ochrony tarcicy, a nawet w przynętach na gryzonie. Jednak ze względu na swoją toksyczność, trwałość w środowisku i bioakumulację w łańcuchach pokarmowych przedostaje się do żywego systemu. Ze względu na ten problem, jego stosowanie zostało zakazane w większości części świata. Ponadto, wiele krajów nadal zezwala na produkcję i stosowanie HCH, pomimo lokalnych ograniczeń, zanieczyszczenie HCH nadal stanowi problem globalny. Związki te mają umiarkowaną lotność i mogą być transportowane drogą powietrzną do odległych miejsc. Ze względu na swoją trwałość i rekalkitrancję, lindan i inne pozostałości HCH pozostają w środowisku przez długi czas i znajdują się w wodzie, glebie, osadach, roślinach i zwierzętach na całym świecie (Berger i in., 2016; Dharmender i in., 2018).

Drogi potencjalnego narażenia ludzi na działanie lindanu i innych izomerów heksachlorocykloheksanu to: spożycie, wdychanie i kontakt skórny. Ogólna populacja jest potencjalnie narażona poprzez spożycie środków spożywczych zanieczyszczonych pozostałościami pestycydów. Większość produktów spożywczych, w których wykryto lindan, miała znaczną zawartość tłuszczu, natomiast najwyższe stężenie lindanu występowało w ogórkach i pieczarkach surowych, które mają niską zawartość tłuszczu. Narażenie skórne występuje w przypadku stosowania szamponów i balsamów zawierających lindan w leczeniu wszy i świerzbów. Wiele innych badań w populacjach na całym świecie, zwłaszcza w populacjach arktycznych, znalazło izomery heksachlorocykloheksanu w próbkach krwi, tłuszczu i mleka kobiecego. Izomery heksachlorocykloheksanu były mierzone w wyższych stężeniach we wszystkich rodzajach próbek w obszarach świata, gdzie lindan jest nadal szeroko stosowany do zwalczania szkodników, takich jak Indie i Afryka (Narodowy Program Toksykologiczny. USA).

Lindan i jego izomery mogą w krótkim i długim okresie czasu spowodować poważne szkody zdrowotne. U ssaków ostre zatrucie lindanem może powodować dysfunkcję układu oddechowego, uogólnione drżenie, hiper-salivation i drgawki, co może prowadzić do śmierci również w skrajnych przypadkach. Są to substancje zaburzające gospodarkę hormonalną, immunosupresyjne i zostały zgłoszone jako potencjalne związki rakotwórcze, teratogenne, genotoksyczne i mutagenne. Przewlekłe narażenie na te związki było związane z uszkodzeniami nerek i wątroby, niekorzystnym wpływem na układ rozrodczy, ciążę i układ nerwowy u ssaków. Trzy przypadki białaczki (paramyeloblastyczna i mielomonocytowa) zostały zgłoszone u mężczyzn narażonych na działanie lindanu z lub bez jednoczesnego narażenia na działanie innych substancji chemicznych. Wiele przypadków niedokrwistości aplastycznej wiązało się również z narażeniem na heksachlorocykloheksan lub lindan, a śmierć z powodu raka płuc wzrosła wśród pracowników rolnych, którzy stosowali heksachlorocykloheksan (nieokreślony) oraz wiele innych pestycydów i herbicydów (Saez i in., 2017).

2.4.2 Pentachlorobenzen

Pentachlorobenzen (PeCB) jest trwałym chlorowanym węglowodorem aromatycznym o wzorze cząsteczkowym C6HCl5 o numerze rejestru CAS 608-93-5. Zaproponowano włączenie go do Konwencji sztokholmskiej w sprawie trwałych zanieczyszczeń organicznych oraz do Protokołu w sprawie trwałych zanieczyszczeń organicznych do Konwencji LRTAP (transport zanieczyszczeń atmosferycznych na dalekie odległości) EKG ONZ (Europejska Wspólnota Gospodarcza Narodów Zjednoczonych). Ponadto różne kraje śledzą jego emisje w ramach przygotowań do krajowych regulacji PeCB (Bailey i in., 2009).

Wzór strukturalny PeCB oraz podsumowanie właściwości fizykochemicznych podano w tabeli 2.5.

Tabela 2.5 Właściwości fizykochemiczne PeCB

Własność	**Wartość**
Numer CAS	608-93-5

Wzór strukturalny	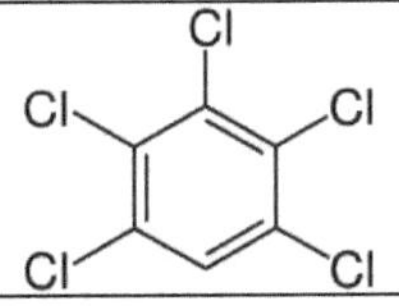
Wzór molekularny	C6HCl5
Masa cząsteczkowa	250,34 g-mol-1
Prawo Henry'ego jest stałe w temperaturze 25°C	71,9 Pa-m3-mol-1
Gęstość przy 25°C	1.834 g-cm-3
Temperatura wrzenia	277°C
Temperatura topnienia	84.6°C
Prężność par przy 25°C	2.2 Pa
Logarytm współczynnika podziału oktanol/woda w temperaturze 20°C	4.8 – 5.18
Rozpuszczalność w wodzie przy 20°C	0,56 mg.l-1
Toksyczność	Ostre: LD50 = 250 mg-kg-1 Wodny: LC50 = 250 mg-L-1 (ryba)

Źródła PeCB w środowisku

Według literatury (Bailey i in., 2009) nie znaleziono globalnej inwentaryzacji szacowanych emisji PeCB do środowiska. PeCB został wykryty w wielu miejscach i mediach na całym świecie. Stężenia atmosferyczne PeCB są najściślej powiązane z bieżącą emisją PeCB, podczas gdy inne media mogą być bardziej odbiciem emisji z przeszłości. Obecnie nie wiadomo, aby PeCB był produkowany do jakichkolwiek zastosowań komercyjnych (Van de Plassche et al., 2001).

W przeszłości PeCB był jednym ze składników mieszaniny chlorobenzenów stosowanej do zmniejszania lepkości produktów PeCB wykorzystywanych do wymiany ciepła. PeCB był również stosowany w mieszaninie chlorobenzenów z PeCB w urządzeniach elektrycznych. PeCB był w przeszłości stosowany jako półprodukt w produkcji pentachloronitrobenzenu (kwintocenu). PeCB mógł być również stosowany w przeszłości, w połączeniu z innymi chlorobenzenami, jako środek grzybobójczy i zmniejszający palność. PeCB są nadal używane w starych urządzeniach elektrycznych na całym świecie, więc istnieje niewielki potencjał uwolnienia PeCB z tego źródła (Bailey i in., 2009; King i in., 2003).

PeCB jest wycofywany z użytku i spalany w większości krajów świata, tak więc oczekuje się, że wszelkie związane z nim emisje PeCB będą się zmniejszać wraz z upływem czasu. Globalne emisje PeCB oszacowano na około 40 ton metrycznych w roku 2000, w porównaniu z około 800 tonami metrycznymi w roku 1970 (Breivik i in., 2002).

Różne procesy przemysłowe wykorzystujące chlor i węgiel mogą wytwarzać PeCB jako produkt uboczny, który może być emitowany do środowiska. Obecność wyższych niż średnie stężeń osadów PeCB w miejscach położonych w pobliżu zakładów przemysłowych sugeruje, że emisje PeCB z zakładów produkcji chemicznej były znacznie większe kilkadziesiąt lat temu. Istnieje kilka procesów produkcji metali lub związków metali, które zostały zgłoszone do produkcji PeCB. Można się spodziewać, że w innych procesach, w których w wysokich temperaturach wykorzystuje się chlor i węgiel, może powstać PeCB. W odniesieniu do tych procesów nie przedstawiono żadnych szacunków ilościowych, ponieważ nie ma informacji, na których można by je oprzeć (Bailey i in., 2009).

Podawane wydajności PeCB powstające w różnych procesach spalania różnią się znacznie, w zależności od warunków spalania i obecności (lub braku) materiałów katalitycznych. Warunki spalania, takie jak stężenie tlenu, czas i temperatura, wydają się w większości przypadków dominować nad wydajnością PeCB. Skład paliwa (zwłaszcza stężenie chloru powyżej minimalnego) jest tylko jednym z kilku czynników wpływających na wydajność emisji PeCB. PeCB jest prawdopodobnie emitowany ze wszystkich procesów spalania paliw zawierających dowolny chlor jako chlorek lub chlorek (Akimoto i in., 1997).

Wielu pracowników zgłaszało beztlenowe biologiczne odchlorowanie heksachlorobenzenu (HCB) do PeCB, a następnie odchlorowanie PeCB. Podaje się, że stopień odchlorowania PeCB jest szybszy niż HCB, więc PeCB nie kumuluje się, lecz jest dalej odchlorowywany do tetrachlorobenzenów i niższych chlorobenzenów. Dlatego też nie oczekuje się, że beztlenowe biologiczne odchlorowanie HCB doprowadzi do akumulacji netto PeCB w środowisku. Szacowana globalna emisja PeCB, jak podsumowano w tabeli 2.6, wynosi 121000 kg-y-1 (Pavlostathis i in., 2000; Bailey i in., 2009).

Tabela 2.6 Podsumowanie szacowanej rocznej globalnej emisji PeCB.

Straty w użytkowaniu PeCB	400 kg
Rozpuszczalniki chlorowane	< 2 kg
Stosowanie pestycydów	5400 kg
Produkcja chemiczna i usuwanie odpadów	400 kg
Odlewanie aluminium	1100 kg
Spalanie odpadów stałych	3600 kg
Niekontrolowane spalanie odpadów stałych	28000 kg
Spalanie węgla	11000 kg
Spalanie biomasy	45000 kg
Degradacja innych chemikaliów	26000 kg
Całkowita roczna emisja	120 902 kg

Degradacja i skutki dla zdrowia ludzkiego

Stopień degradacji PeCB był badany w wielu warunkach i nie znaleziono przekonujących dowodów na biodegradację tlenową PeCB w środowisku. Beck i Hansen zgłosili, że okres półtrwania PeCB w glebie wynosi 194 i 345 dni, czyli średnio 270 dni, co w ich doświadczeniach mogło być głównie spowodowane ulatnianiem się gleby. Odchlorowanie PeCB przez bakterie beztlenowe zostało zgłoszone przez wielu pracowników. Dlatego też, pomimo dowodów laboratoryjnych na beztlenowe odwodornienie przez mikroorganizmy beztlenowe z wielu źródeł, PeCB może utrzymywać się w osadach przez wiele dziesięcioleci. Na podstawie właściwości fizycznych i laboratoryjnych badań degradacji szacuje się, że okres półtrwania degradacji PeCB w środowisku wodnym i glebowym wynosi od miesięcy do lat (Bailey i in., 2009; Wang i in., 1994).

Przeprowadzono badania krótkotrwałej ekspozycji na szczury i myszy za pośrednictwem żywności zawierającej pentachlorobenzen. W zależności od dawki obserwowano zmiany histopatologiczne wątroby, odkładanie się PeCB w wątrobie i tłuszczu oraz wyraźny wzrost masy wątroby. Spadki stężenia hemoglobiny i wzrost liczby białych krwinek obserwowano u obu płci oraz spadek liczby czerwonych krwinek u samców szczurów. Brak jest danych na temat przewlekłego narażenia i jego rakotwórczego wpływu. Nie zidentyfikowano badań na ludziach, które powinny wskazywać na szkodliwe działanie PeCB, ani badań epidemiologicznych. MOP (Międzynarodowa Organizacja Pracy) stwierdza, że substancja może wpływać na wątrobę i prowadzić do jej uszkodzenia, a także wskazuje na fakt, że testy na zwierzętach wykazały możliwość toksyczności dla rozwoju rozrodczego i ludzkiego (Valičková M., 2012).

2.4.3 Heptachlor

Heptachlor (1,4,5,6,7,8,8-Heptachloro-3a,4,7,7a-tetrahydro-4,7-metano-1H-inden) o numerze CAS 76-44-8 jest chlorowanym insektycydem dicyklopentadienu o wzorze cząsteczkowym C10H5Cl7. Heptachlor należy do TZO ze względu na swoje właściwości w środowisku. Jego stosowanie jest zakazane w wielu krajach od lat 80., ale jego obecność jest nadal wykrywana w niektórych produktach żywnościowych. Produkcja i wykorzystanie heptachlory są regulowane na całym świecie przez Konwencję Sztokholmską w sprawie trwałych zanieczyszczeń organicznych. Heptachlor znajduje się w wykazie substancji priorytetowych dla Unii Europejskiej (dyrektywa 2013/39/UE). Wzór strukturalny heptachloru oraz podsumowanie właściwości fizycznych i chemicznych podano w tabeli 2.7.

Tabela 2.7 Właściwości fizykochemiczne heptachloru

Własność	**Wartość**
Numer CAS	76-44-8
Wzór strukturalny	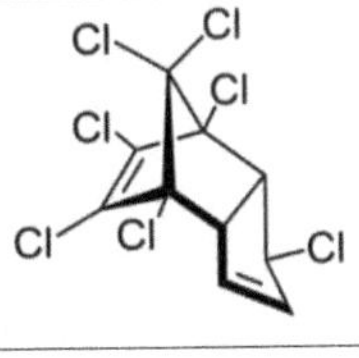 Cl Cl Cl Cl Cl Cl Cl
Wzór molekularny	C10H5Cl7
Masa mięśniowa	373,32 g-mol-1
Prawo Henry'ego jest stałe w	3,53 x 102 Pa-m3-mol-1

temperaturze 25°C	
Gęstość przy 25°C	1,58 g-cm-3
Temperatura wrzenia	135°C
Temperatura topnienia	95°C
Prężność par w temperaturze 20°C	53 mPa
Logarytm współczynnika podziału oktanol/woda w temperaturze 20°C, pH = 7	5.44
Rozpuszczalność w wodzie przy 20°C	0,056 mg-L-1
Toksyczność (szczury)	Ostre: LD50 = 147 mg-kg-1

Źródła heptachloru w środowisku

Obecność heptachloru w środowisku wodnym może być określana poprzez procesy ulatniania i sorpcji. Heptachlor jest również szybko utleniany do 2,3-heptachlorowego epoksydu, który jest odporny na biodegradację i dlatego jest trwały w środowisku. Utlenianie występuje jako mikrosomalne, a także fotochemiczne i biologiczne w roślinach i glebach. W latach 60. i 70. heptachlor był szeroko stosowany w rolnictwie jako środek owadobójczy do zabezpieczania upraw zbóż, ochrony drewna i zwalczania termitów. Był on również głównym składnikiem (około 10%) chlordanu technicznego. Od lat 80-tych XX wieku jego stosowanie było w większości wycofane i stosowane było tylko do ochrony przeciwpożarowej w podziemnych transformatorach mocy. Zgodnie z EPA heptachlor został wykryty w żywności, w tym w rybach, skorupiakach, produktach mlecznych, mięsie i drobiu. Innym możliwym źródłem narażenia jest woda pitna, ponieważ w kilku stanach wykryto heptachlor w niskich stężeniach w studniach wody pitnej. Jest on zakazany do stosowania w Unii Europejskiej od 1984 r. i w większości innych krajów na świecie ze względu na utrzymywanie się w środowisku dwóch produktów rozkładu: epoksydu heptachloru i fotoelektroloru. Heptachlor i jego produkty rozpadu są lipofilne, a w szczególności epoksyd i fotoheptachlor mają tendencję do akumulowania się w łańcuchu pokarmowym. (Vorkamp i in., 2014; EPA 1999).

Środowiskowy los

Heptachlor jest trwały w środowisku ze względu na swoje właściwości fizyczne, bardzo niską rozpuszczalność w wodzie (0,056 mg-L-1) i znaczne ulatnianie się z wód powierzchniowych (stała prawa Henry'ego 3,53 x 102 Pa-m3-mol-1). Próg zapachowy heptachloru wynosi 0,3 mg-m-3 z zapachem przypominającym kamforę. W atmosferze heptachlor reaguje z fotochemicznie wytwarzanymi rodnikami hydroksylowymi. Fotolityczna degradacja heptachloru powoduje powstawanie produktów odchlorowanych i epoksydu heptachloru. W glebie i wodzie heptachlor ulega biotycznej i abiotycznej degradacji. Jego okres półtrwania w glebie wynosi około 6-9 miesięcy, w wodzie heptachlorowe hydrolizaty przekształcają się w bardziej trwałą formę epoksydu heptachlorowego o okresie półtrwania 1-3,5 dnia. Szacunkowa wartość log *Koc* z 4,48 przewiduje, że heptachlor silnie wchłonie się do gleby i ograniczy wymywanie do wód gruntowych. Heptachlor może być pobierany przez organizmy żywe i rośliny w glebie lub osadach, co pozwala na jego pobieranie na duże odległości i zanieczyszczanie odległych obszarów. Heptachlor dobrze gromadzi się w łańcuchach pokarmowych organizmów wodnych i lądowych dzięki wysokiej wartości log *Kow* (5,2) (ATSDR, 1993).

Toksyczność

Toksyczność ostra

Ostra ekspozycja na heptachlor poprzez wdychanie u ludzi może powodować skutki dla układu nerwowego, natomiast ostra niestrawność prowadzi do skutków żołądkowo-jelitowych, takich jak nudności i wymioty. Badania laboratoryjne na zwierzętach wykazały skutki dla wątroby i OUN po ostrej ekspozycji doustnej na heptachlor. Wyniki wskazują, że heptachlor ma wysoką i bardzo ostrą toksyczność. Nie ma informacji o przypadkowym lub samobójczym zatruciu człowieka heptachlorem. Niekorzystne skutki zdrowotne są opisywane u ludzi, którzy mieli podwyższony poziom heptachloru i epoksydu heptachloru w surowicy. Większość z tych badań dotyczyła narażenia na inne pestycydy chloroorganiczne, a zaobserwowanych efektów nie można przypisać wyłącznie heptachlorowi.

Toksyczność przewlekła (nienowotworowa)

Przewlekłe narażenie na heptachlor poprzez wdychanie u ludzi wiąże się ze skutkami we krwi, natomiast narażenie na niestrawność prowadzi do skutków neurologicznych, takich jak drażliwość, ślinotok, zawroty głowy, drżenia mięśni i drgawki. Badania na zwierzętach zaowocowały działaniem na wątrobę, nerki oraz układ odpornościowy i nerwowy w wyniku narażenia drogą pokarmową (U.S. EPA, 1987).

Immunotoksyczność

Przeprowadzono badania na szczurach narażonych na niskie, istotne dla środowiska dawki heptachloru drogą pokarmową w okresie rozwoju. Wyniki wykazały, że ekspozycja ta zmieniła układ odpornościowy. Ponadto przy większych dawkach doszło do zmniejszenia procentowej zawartości limfocytów B w śledzionie.

Toksyczność reprodukcyjna

Heptachlor skrócił i zablokował cykl estruacyjny u szczurów oraz zmniejszył wylęgalność żyznych jaj kurcząt. Spadek wskaźnika laktacji zaobserwowano w badaniach doustnych u szczurów.

Toksyczność rozwojowa

Mieszkańcy Hawajów na początku lat 80-tych byli narażeni na działanie heptachloru z zanieczyszczonego mleka. Uczniowie liceum przypuszczalnie prenatalnie narażeni na działanie heptachloru z zanieczyszczonego mleka wykazywali słabe wyniki w testach behawioralnych, w tym w tworzeniu abstrakcyjnych koncepcji i percepcji wizualnej.

Rakotwórczość

Badania nad włączeniem do diety gryzoni wykazały wzrost raka wątrobowokomórkowego u myszy i ewentualnie gruczolaka pęcherzykowego tarczycy oraz raka u samic szczurów. Heptachlor promuje zmiany nowotworowe wątroby zainicjowane przez N-nitrosodietyloaminę. Biorąc pod uwagę profile rakotwórczości wspólnego zanieczyszczenia chlordanem i metabolitem epoksydu heptachloru, Międzynarodowa Agencja Badań nad Rakiem w 2001 r. sklasyfikowała heptachlor i epoksydu heptachloru jako potencjalnie rakotwórcze dla ludzi (Grupa 2B).

Ekotoksyczność

Heptachlor wpływa negatywnie na wzrost glonów z h LC50 wynosi 0,9 mg-L-1 dla glonów słodkowodnych i 0,03 mg-L-1 dla wybranych gatunków glonów morskich. Dla ryb słodkowodnych 96-godzinny LC50 to 8 mg-L-1. Dla ryb słonowodnych, średnia 96-h LC50 wynosi 3-4 mg-L-1. Heptachlor jest umiarkowanie toksyczny dla ptaków. Pięciodniowa dieta LC50 mieściła się w zakresie od 90 do 500 mg-kg-1-dzień-1 (U.S. EPA, 1987; Reed przy al., 2014).

2.4.4 Heksachlorobenzen

Heksachlorobenzen (HCB), czyli nadchlorobenzen jest pestycydem chloroorganicznym, syntetyzowanym przez katalityczne chlorowanie benzenu w temp. 150-200°C. HCB jest białe, krystaliczne ciało stałe, prawie nierozpuszczalne w wodzie. HCB był wcześniej stosowany jako fungicyd i dodatek do kompozycji pirotechnicznych do celów wojskowych. Pozostałości HCB w żywności i paszy są prawnie uregulowane w rozporządzeniu (WE) 396/2005 Parlamentu Europejskiego i Rady z dnia 23 lutego 2005 r. HCB jest również włączony do 12 pierwotnych TZO w ramach Konwencji Sztokholmskiej "brudny tuzin", a jego poziomy w środowisku są monitorowane przez UE (Dyrektywa WE 396/2005; Konwencja Sztokholmska, 2001).

Wzór strukturalny HCB oraz podsumowanie właściwości fizycznych i chemicznych podano w tabeli 2.8.

Tabela 2.8 Właściwości fizykochemiczne heksachlorobenzenu.

Własność	**Wartość**

Numer CAS	118-74-1
Wzór strukturalny	Cl Cl Cl Cl Cl Cl
Wzór molekularny	C6Cl6
Masa mięśniowa	284,78 g-mol-1
Prawo Henry'ego jest stałe w temperaturze 25°C	35 Pa-m3-mol-1
Gęstość przy 25°C	2,07 g-cm-3
Temperatura wrzenia	323-326°C
Temperatura topnienia	231°C
Prężność par w temperaturze 20°C	1,45 mPa
Logarytm współczynnika podziału oktanol/woda w temperaturze 20°C, pH = 7	5.73
Rozpuszczalność w wodzie w 20°C	4,7 x 10-3 mg-L-1
Toksyczność	Oral: LD50 = 10 mg-kg-1 (szczury) Oral: LD50 = 4 mg-kg-1 (myszy)

Źródła HCB w środowisku

Wprowadzony po raz pierwszy w 1945 r. do obróbki nasion, HCB zabija grzyby, które wpływają na uprawy żywności. Był on szeroko stosowany do kontroli pszenicy. Jest on również produktem ubocznym w produkcji niektórych chemikaliów przemysłowych i występuje jako zanieczyszczenie w kilku formach użytkowych pestycydów. Był powszechnie stosowany jako pestycyd do 1965 roku. HCB był również stosowany w produkcji gumy, aluminium i barwników stosowanych w konserwacji drewna. Obecnie HCB tworzy się jako produkt uboczny podczas produkcji chemikaliów, takich jak liczne rozpuszczalniki i pestycydy. Tetrachlorek węgla i czterochloroetylen są głównymi źródłami HCB; mniejsze ilości stwierdzono w mono-, di- i trichlorobenzenie (Barber i in., 2005).

Środowiskowe losy HCB

Chociaż HCB jest bardzo trwały, rozkłada się w wolnym tempie we wszystkich elementach środowiska. Do celów modelowania HCB przypisano przybliżone okresy półtrwania 17 000 godzin (1,9 roku) w powietrzu i 55 000 godzin (6,3 roku) w wodzie i osadach. Uważa się, że znaczna część HCB mierzonego w atmosferze pochodzi z ulatniania się "starego" HCB w glebie z wcześniejszych zanieczyszczeń. Volatilizacja HCB z gleby jest funkcją zawartości substancji organicznych, temperatury i narażenia na działanie atmosfery. Wykazano, że 6-50% HCB w glebie zostało utracone po 100 dniach (Barber i in., 2005).

W związku z tymi ustaleniami w większości krajów świata zakazano stosowania HCB w rolnictwie (tab. 2.9., Starek-Świechowicz i in., 2017).

Tabela 2.9 Daty działań legislacyjnych dotyczących HCB w różnych krajach świata.

Działania legislacyjne	**Kraj**
Nigdy nie zarejestrowany jako pestycyd	Islandia, Urugwaj, Chile, Nikaragua, Kostaryka, Malezja, Japonia, Korea, Mongolia, Uzbekistan
Zakazane/ wycofane/ograniczone w latach 60.	Argentyna (r 1963), Węgry (b 1968)
Zakazane/ wycofane/ograniczone w latach 70.	Nowa Zelandia (b 1972), Australia (b 1972), Zjednoczone Królestwo (b 1975), Kanada (w 1976), Finlandia (w 1977), Unia Europejska (b 1979), Japonia (b 1979)
Zakazane/ wycofane/ograniczone w latach 80.	Szwecja (w 1980 r.), Republika Czeska (w 1980 r.), Polska (w 1980), Egipt (b 1981), USA (r 1984), Niemcy Wschodnie (b 1984), Maroko (b 1984), Ekwador (b 1985), ZSRR (b 1986), Tunezja (w 1986), Szwajcaria (b 1986), Panama (b 1987), Brazylia (r 1985), Singapur (r 1985), Norwegia (w 1987)
Zakazane/ wycofane/ograniczone w latach 90.	Papua Nowa Gwinea (b 1990), Meksyk (w 1991), Wietnam (b 1992), Paragwaj (b 1993), Kolumbia (b 1993), Islandia (b 1996), Turcja (b 1997), Bośnia i Hercegowina (b 1997), Syria (b 1998), Malta (b 1998), Słowenia (b 1998), Jamajka (b 1999), Peru (b 1999)
Zakazane/ wycofane/ograniczone w latach 2000.	Argentyna (b 2000), Salwador (b 2000), Tajlandia (b 2001), Jordania (b 2001), Boliwia (b 2002), Chile (b 2002), Kanada (b 2003)
Zakazane/ wycofane/ograniczone (brak danych)	Dania (b), Kambodża (b), Indonezja (b), Gwatemala (b), Filipiny (r)
Wciąż używany jako półprodukt	Chiny, Rosja

b - zakazane; r - ograniczone

Toksyczność:

Toksyczność ostra

Nie ma dostępnych informacji na temat ostrej toksyczności heksachlorobenzenu u ludzi.

Toksyczność przewlekła (nienowotworowa)

Ludzie, którzy byli narażeni na działanie HCB poprzez spożycie mocno zanieczyszczonego chleba podczas

4-letnie zatrucie spowodowało chorobę wątroby z towarzyszącymi zmianami skórnymi (porphyria cutanea tarda). Badania na zwierzętach wykazały wpływ na wątrobę, skórę, układ odpornościowy, nerki i krew w wyniku przewlekłego narażenia doustnego na heksachlorobenzen. Przewlekła inhalacyjna wartość referencyjna została oszacowana na 0,003 miligrama na metr sześcienny (mg-m-3) dla poziomów narażenia na heksachlorobenzen.

Toksyczność reprodukcyjna/rozwojowa

Przedstawiono raporty opisujące nieprawidłowy rozwój fizyczny u małych dzieci, które spożyły chleb zanieczyszczony HCB. W wielu badaniach oceniano związki między HCB w ludzkich płynach biologicznych a różnymi wynikami zdrowotnymi. Badania te wykazały korelację między poziomem HCB w surowicy pępowinowej po urodzeniu a zmniejszeniem długości ciąży, niską kompetencją społeczną, zwiększonym wskaźnikiem masy ciała (BMI) i masy ciała w okresie dzieciństwa oraz zwiększoną ilością koproporfiryn moczowych w okresie dzieciństwa. Wiadomo, że HCB obniża wskaźniki przeżywalności noworodków a do krzyżowania się z łożyskiem i gromadzenia się w tkance płodowej u kilku gatunków zwierząt.

Onkogeniczność

Wykazano, że heksachlorobenzen podawany doustnie indukuje guzy wątroby, tarczycy i nerek u kilku gatunków zwierząt. EPA sklasyfikowała heksachlorobenzen jako prawdopodobny czynnik rakotwórczy dla człowieka. W wielu badaniach epidemiologicznych oceniano związek między narażeniem na HCB a rakiem, zwłaszcza rakiem piersi, chłoniakiem nieziarniczym, rakiem prostaty i jąder (Barber i in., 2005; ATSDR 1996; U.S. EPA, 1994).

2.4.5 Heksachlorobutadien

Heksachlorobutadien (Hexachloro-1,3-butadien; HCBD) jest chlorowaną dieną alifatyczną o wielu zastosowaniach, ale najczęściej stosowany jest jako rozpuszczalnik dla innych związków zawierających chlor. Stosuje się go również jako pestycyd, środek owadobójczy, herbicyd, algicyd i chemiczny środek pośredni. HCBD jest jedną z priorytetowych substancji organicznych w dziedzinie polityki wodnej oraz niektórych innych zanieczyszczeń określonych w dyrektywie 2013/39/UE (US EPA, 1992; dyrektywa UE 2013/39). Wzór strukturalny HCB oraz podsumowanie właściwości fizycznych i chemicznych podano w tabeli 2.10.

Tabela 2.10 Właściwości fizykochemiczne heksachlorobutadienu.

Własność	**Wartość**
Numer CAS	87-68-3
Wzór strukturalny	Cl Cl Cl Cl Cl Cl

Wzór molekularny	C4Cl6
Masa mięśniowa	260,76 g-mol-1
Prawo Henry'ego jest stałe w temperaturze 20°C	0,9935 Pa-m3-mol-1
Gęstość przy 25°C	1,67 g-cm-3
Temperatura wrzenia	210-220°C
Temperatura topnienia	-20°C
Prężność par w temperaturze 20°C	20 mPa
Logarytm współczynnika podziału oktanol/woda w temperaturze 20°C, pH = 7	4.78
Rozpuszczalność w wodzie przy 20°C	3,20 mg-L-1
Toksyczność (szczury)	Ostre: LD50 = 500 mg-kg-1

Źródła i losy HCBD w środowisku naturalnym

HCBD ma następujące zastosowania przemysłowe:

- ciecz grzewcza
- reagent w syntezach chemicznych
- rozpuszczalnik organiczny
- płyn piorący do usuwania węglowodorów
- odzyskiwanie chloru
- wulkanizacja gumy
- produkcja prętów aluminiowych i grafitowych.

HCBD jest uwalniany do atmosfery podczas produkcji chemicznej i spalania odpadów. Wysoki współczynnik podziału węgla organicznego (Koc) HCBD wskazuje, że może on adsorbować do zawieszonych w powietrzu cząstek stałych o wysokiej zawartości substancji organicznych. Eksperymentalnie ustalono okres półtrwania jednego tygodnia, kiedy HCBD był wystawiony na działanie powietrza w kolbach na zewnątrz. Ten stosunkowo krótki czas zanikania jest prawdopodobnie spowodowany niejednorodnymi reakcjami na ścianach naczyń. Podobnie jak strukturalnie podobny perchloroetylen, HCBD ma reagować z rodnikami hydroksylowymi i w znacznie mniejszym stopniu z ozonem poprzez dodanie podwójnych wiązań.

HCBD jest uwalniany do wód powierzchniowych i gruntowych poprzez ścieki przemysłowe, poprzez ługowanie ze składowisk odpadów lub gleby, lub poprzez spływy miejskie. HCBD jest wysoce odporny na hydrolizę przy braku odpowiednich rozpuszczalników, choć łatwo ulega degradacji przez zasady etanolowe. HCBD jest substancją rekalcytującą w warunkach tlenowych, podczas gdy w warunkach beztlenowych zaobserwowano odchlorowanie redukcyjne.

HCBD może być uwalniany do gleby poprzez usuwanie odpadów przemysłowych na składowiskach odpadów lub poprzez stosowanie ich jako środków owadobójczych. HCBD łatwo adsorbuje cząstki organiczne w glebie, dlatego też przewiduje się, że ulatnianie się z gleb wysoko organicznych jest niewielkie.

Zawodowe narażenie na HCBD może wystąpić podczas jego produkcji i stosowania jako rozpuszczalnika, cieczy do przenoszenia ciepła, cieczy transformatorowej, cieczy hydraulicznej, płynu do mycia, pestycydu lub półproduktu chemicznego (U.S. EPA 1999; U.S. EPA 2017).

Toksyczność:

Toksyczność ostra

Nie ma informacji na temat krótkoterminowych skutków narażenia na HCBD u ludzi. Badania na zwierzętach wykazały wpływ na nerki i układ oddechowy. Badania na szczurach wykazały wysoką ostrą toksyczność HCBD po narażeniu drogą pokarmową lub oddechową.

Toksyczność przewlekła (nienowotworowa)

Badania na zwierzętach wykazały wpływ na nerki i wątrobę w związku z przewlekłą ekspozycją doustną na HCBD. Przy narażeniu przez całe życie coraz większym niż poziom odniesienia (0,09 mg-m3) zwiększa się możliwość wystąpienia niekorzystnych skutków dla zdrowia.

Toksyczność reprodukcyjna i rozwojowa

Badania na zwierzętach w jamie ustnej wykazały zmniejszenie płodności, zmniejszenie masy ciała płodu, ale nie stwierdzono wad wrodzonych ani innych skutków rozwojowych wynikających z narażenia na heksachlorobutadien.

Ryzyko zachorowania na raka

Badanie wykazało guzy nerki u szczurów narażonych na HCBD doustnie. Amerykańska EPA sklasyfikowała heksachlorobutadien jako możliwy czynnik rakotwórczy dla człowieka (ATSDR, 1994).

3 Procesy usuwania chloroorganicznych pestycydów z wody

Usuwanie pestycydów ze ścieków przemysłowych jest ważnym procesem, ponieważ pestycydy są odporne na degradację biologiczną i są zdolne do akumulacji w środowisku naturalnym, a także wykazują ewentualne właściwości rakotwórcze i mutagenne. Odpowiednie technologie do degradacji i redukcji tych zanieczyszczeń w wodzie i ściekach to ozonowanie i podstawowe procesy utleniania, takie jak O3/H2O2, O3/UV i O3/H2O2/UV (Ikehata i in., 2005). Procesy te dostarczają wysoce reaktywnych rodników hydroksylowych (HO-), które szybko i nieselektywnie reagują z prawie wszystkimi zanieczyszczeniami organicznymi (Bauer i in., 1997).

3.1 Procesy fizyczne

3.1.1 Rozbiórka i flotacja

Heptachlor i jego produkt hydrolizy, 1-hydroksychlorden zostały usunięte z roztworów wodnych przez odrywanie i flotację. Badano wpływ przepływu powietrza, ilości dodanej soli, etanolu i środka powierzchniowo czynnego. Po 5 minutach flotacji uzyskano najwyższą skuteczność usuwania heptachloru (99%) i 1-hydroksychlordenu (97%) z roztworu wodnego. Wyniki badań pokazują, że flotacja, w której małe cząstki substancji nierozpuszczonych i rozpuszczonych są wychwytywane i zagęszczane w piankach, jest odpowiednia do oddzielania niejonowych związków organicznych od roztworów wodnych. W porównaniu z flotacją klasyczną, ta flotacja piankowa jest bardziej efektywną metodą usuwania niejonowych związków organicznych i nie jest wymagane dodawanie fazy organicznej (np. oleju parafinowego) (Chiu i in., 1991).

Badano wpływ dodatku soli i etanolu na flotację i usuwanie heksachlorobutadienu. W ciągu 10 min ponad 99% heksachlorobutadienu zostało usunięte z roztworu zawierającego 100 ppb heksachlorobutadienu. Szybkość usuwania heksachlorobutadienu przez rozbiórkę była wolniejsza w porównaniu z flotacją (Shih i in., 1990).

3.1.2 Adsorpcja

Adsorpcja na sproszkowanym węglu aktywowanym (PAC) jest bardzo obiecującą metodą usuwania wielu mikrozanieczyszczeń. W przeciwieństwie do ozonowania, adsorpcja na węglu aktywnym jest procesem powolnym. W przypadku wielu substancji stężenie równowagi osiągane jest po kilku godzinach. Węgiel aktywny jest powszechnie stosowany po etapie biologicznym, kiedy stężenia zanieczyszczeń są już niskie. Jednym ze sposobów na przyspieszenie i optymalizację procesu adsorpcji jest obieg zarówno węgla aktywnego, jak i osadu czynnego. Węgiel aktywny jest recyrkulowany od etapu trzeciorzędowego do etapu biologicznego oczyszczalni ścieków. Czas retencji węgla aktywnego w układzie jest dłuższy niż czas retencji hydraulicznej. Działanie procesu adsorpcji jest stosunkowo mniej energochłonne. Produkcja węgla aktywnego jest jednak bardzo energochłonna, a zużycie energii pierwotnej jest wyższe niż w przypadku ozonowania (Burns et al., 2010).

Proces adsorpcji granulowanego węgla aktywowanego (GAC) jest uważany za mniej skuteczny niż proces adsorpcji PAC. Powodem jest krótszy czas kontaktu ścieków z węglem aktywnym. Zaletą GAC jest to, że może on być regenerowany i dlatego ilość odpadów stałych jest znacznie zmniejszona (Burns et al., 2010).

Do usuwania niskich stężeń lindanu z roztworu wodnego użyto grzybów *Rhizopus oryzae*. Badano wpływ temperatury (5-45°C), pH (2-10), stężenia osadu (1-12 g-L-1) i wieku osadu (1-7 dni) na zdolność adsorpcji i intensywność adsorpcji przez te grzyby. Wyniki wykazały, że adsorpcja jest najbardziej efektywna w niskiej temperaturze i przy niskim pH. Wykazano, że na adsorpcję w mniejszym stopniu wpływa stężenie osadu i wiek (Young i in., 1998). Kora sosnowa uzyskana jako produkt uboczny firmy tartakowej na północy Portugalii była używana do adsorpcji lindanu i heptachloru z roztworów wodnych. Uważa się, że ten naturalny adsorbent może być stosowany jako alternatywa dla węgla aktywnego przy innowacyjnym podejściu do usuwania tego rodzaju substancji. Zmniejsza to znacznie koszty procesu regeneracji, a tym samym zapewnia jego intensyfikację. Dla cząstek kory o wielkości (125-300 μm), 80,6% i 93,6% skuteczności usuwania lindanu i heptachloru uzyskano w ciągu 24 godzin (Ratola i in., 2003).

Paknikar et al. (2005) przedstawiają wyniki badań dotyczących usuwania lindanu ze źródeł wody pitnej i zgodnie z nimi jego usunięcie jest priorytetem globalnym. Nanomateriały na bazie żelaza wykazały skuteczną przemianę chlorowanych związków organicznych. Istnieją jednak obawy co do ich toksyczności w wodzie pitnej i przy obróbce napojów. W niniejszej pracy nanocząstki FeS zostały zsyntetyzowane mokrą metodą chemiczną z wykorzystaniem polimeru grzybów basidiomycetowych *Itajahia* sp. Stabilizowane nanocząstki mogą w ciągu 8 godzin rozkładać lindan w stężeniu 5 mg-L-1 z wydajnością 94%. Przy późniejszym mikrobiologicznym usunięciu pozostałości lindanu może on ulec częściowej degradacji. To badanie zintegrowanej metody nano-biotechnologicznej wydaje się być skuteczną i bezpieczną metodą usuwania substancji chlorowanych ze środowiska wodnego.

Popiół z trzciny cukrowej otrzymywany był z przemysłu cukrowniczego. Stosowany jest jako niedrogi i skuteczny adsorbent do usuwania lindanu i malationu ze ścieków. Stwierdzono, że do osiągnięcia równowagi konieczny jest czas kontaktu wynoszący 60 minut. Maksymalne usunięcie odbywa się przy pH 6,0. Usuwanie pestycydów zwiększa się wraz ze wzrostem dawki sorbentu, a zmniejsza wraz ze wzrostem wielkości cząsteczek sorbentu. Dla cząstek o wielkości 200-250 mm optymalna dawka adsorbentu wynosi 5 g-L-1. W optymalnych warunkach osiągnięto 97-98% skuteczność usuwania tych pestycydów. Materiał wykazuje dobre zdolności sorpcyjne, a izotermy Langmuira i Freundlicha są odpowiednie do opisu procesu adsorpcji. W niższych stężeniach adsorpcja jest kontrolowana przez dyfuzję błony, natomiast w wyższych przez mechanizm dyfuzji cząsteczek. Sorbent ten jest bardzo użytecznym i ekonomicznym materiałem do usuwania lindanu i malationu.

3.2 Procesy biologiczne

Przeprowadzono wiele badań w celu ustalenia, czy istniejące oczyszczalnie ścieków (z osadem czynnym) mogą być zmodyfikowane w celu zwiększenia usuwania mikrozanieczyszczeń, np. poprzez zwiększenie wieku osadu. Wynikało to z faktu, że efektywność biodegradacji może być zwiększona przez wolno rosnące mikroorganizmy. Zaobserwowano tendencję do zwiększonej biodegradowalności wraz ze wzrostem wieku osadów. Może być jednak stosowany tylko w odniesieniu do niektórych substancji. Wyniki pokazują, że w wieku osadów 5 i 15 dni usuwanie mikrozanieczyszczeń było skuteczniejsze niż w wieku osadów 1-3 dni. Podwyższenie wieku osadów do 50 dni i więcej nie ma większego wpływu na całkowitą eliminację mikrozanieczyszczeń organicznych (Burns, et al., 2010).

Kipopoulou et al. (2004) przedstawili wyniki badań mających na celu usunięcie lindanu w oczyszczalniach ścieków, które wykorzystują konwencjonalne procesy oczyszczania ścieków z osadem czynnym. Badano różne rodzaje ścieków (przemysłowych i komunalnych) o zmiennym stężeniu lindanu oraz wpływ warunków eksploatacji na jego usuwanie. Zgodnie z wynikami, główna część lipy (67-91%) jest adsorbowana na osadach pierwotnych. Jako główny mechanizm usuwania lindanu w głównej linii technologicznej oczyszczania ścieków potwierdzono proces adsorpcji na osadach pierwotnych. W fazie biologicznej (proces osadu czynnego) tylko 0,1-2,8% lindanu zostało usunięte przez adsorpcję na osadzie czynnym (proces abiotyczny). Etap leczenia pierwotnego zaowocował około (4-26%) eliminacją lindanu, a w stadium biologicznym wyższą - do 61%. Eliminacja ta miała ujemną korelację z danymi wejściowymi w zbiorniku aktywacyjnym. Maksymalną eliminację lindanu zaobserwowano w wieku osadu 23 dni. Wraz z wiekiem osadu zwiększało się stężenie Lindanu na wylocie.

3.3 Procesy chemiczne

3.3.1 Zaawansowane procesy utleniania

Procesy AOP to stosunkowo nowe technologie w zakresie oczyszczania wody i ścieków. Rodniki hydroksylowe (HO-) wytwarzane w procesach AOP mają wyższy potencjał utleniania (2,8 V) niż ozon cząsteczkowy, ponieważ te rodniki atakują nieselektywnie cząsteczki organiczne i nieorganiczne z bardzo dużą prędkością reakcji. AOP to akceptowane procesy usuwania substancji trwałych lub co najmniej ich przekształcania w produkty ulegające biodegradacji. AOP są technologiami o ważnych zastosowaniach, które mają poczucie powrotu/recyklingu wody do natury. Obecnie AOP są uważane za wysoce wydajne procesy fizykochemiczne ze względu na ich żywotność termodynamiczną i zdolność do zmiany struktury chemicznej zanieczyszczeń poprzez udział wolnych rodników (Domenech i in., 2004). Ten rodzaj rodników hydroksylowych (HO-) jest przedmiotem szczególnego zainteresowania ze względu na jego wysoką zdolność utleniania (Andreozzi i in., 1999).

Wygenerowane rodniki są zdolne do utleniania zanieczyszczeń organicznych, głównie za pomocą wodoru lub dodatku elektrofilowego, do podwójnego wiązania przy produkcji wolnych rodników organicznych (R-). Te organiczne rodniki mogą reagować z molekułami tlenu do produkcji nadtlenorodników i inicjować oksydacyjną degradację reakcji łańcuchowych. Reakcja ta może prowadzić do całkowitej mineralizacji materii organicznej zgodnie z równaniem (2.1) (Blanco i in. , 2003):

$$RH + HO\text{-} \text{ (lub } SO4\text{--}) \rightarrow HR\text{-} + H2O \qquad (2.1)$$

Wolne rodniki mogą być wytwarzane w procesach fotochemicznych i niefotochemicznych. O3/H2O2, UV/O3, niejednorodna fotokataliza (TiO2/UV), jednorodna fotokataliza (procesy Fenton, Fentonopodobne) i utlenianie elektrochemiczne (Somich i in., 1990) są uważane za najbardziej efektywne dla degradacji pestycydów w wodzie.

Ze względu na złożoność poszczególnych reakcji, bardzo trudno jest określić stopień degradacji pestycydów przez ozonowanie i procesy AOP oparte na ozonie.

Najważniejszym badaniem koncentrującym się na usuwaniu priorytetowych i priorytetowych substancji niebezpiecznych jest praca Ribeiro et al. (2015), która przedstawia przegląd zaawansowanych procesów utleniania (AOP) w zakresie usuwania zanieczyszczeń, które zostały określone w dyrektywie 2013/39/UE.

Tab. 3.3.1 ukazuje względną reprezentację badań koncentrujących się na najczęściej badanych procesach usuwania substancji priorytetowych od 2004 roku.

Tab. 3.3.1 Względne występowanie badań koncentrujących się na różnych typach AOP dla usuwania substancji priorytetowych w wodach (od 2004 r.) (Ribeiro i in., 2015 r.)

AOP	Występowanie (%)
Procesy fotolizy i wspomagania H2O2	10
Procesy oparte na Fentonie	31
Niejednorodna fotokataliza	20
Procesy oparte na ozonowaniu	11
Porównanie różnych AOP	18
Różne	10

Tab. 3.3.2 Wskazuje na względne występowanie badań koncentrujących się na AOP stosowanych do usuwania pestycydów, które należą do substancji priorytetowych (od 2004 r.):

Tab. 3.3.2 Względne występowanie badań skoncentrowanych na TZO stosowanych do usuwania pestycydów, które należą do substancji priorytetowych (od 2004 r.) (Ribeiro i in., 2015 r.)

Pestycydy	Występowanie (%)

Chlor organiczny	21
Organofosforan	12
Triazina	25
Fenylurea	29
Chloroacetanilid	10
Dinitroanilina (trifluralina)	3

Diuron (herbicyd fenylurea) i atrazyna (z grupy triazyn) są jak dotąd najczęściej badanymi pestycydami z Dyrektywy 2013/39 / UE (Ribeiro i in.). Procesy oparte na reakcji Fentona są najczęściej stosowane do usuwania substancji priorytetowych z wody, a ich skuteczność zwykle wzrasta wraz ze wzrostem temperatury i może być dodatkowo zwiększona przez dodanie promieniowania UV lub światła słonecznego. Niejednorodna fotokataliza jest drugą najczęściej stosowaną metodą usuwania substancji priorytetowych w dyrektywie. Ozonowanie prowadzi do częściowego utlenienia zanieczyszczeń i zwiększenia ich biodegradacji, ale całkowita mineralizacja zanieczyszczeń jest zazwyczaj problematyczna. Aby wyeliminować ten problem, ozonowanie może być połączone z heterogenicznymi katalizatorami, nadtlenkiem wodoru lub innymi AOP (np. fotokataliza) lub technologiami membranowymi.

W wykazie substancji priorytetowych nadal znajduje się wiele związków, których usunięcie przez AOP nie zostało jeszcze zbadane. Obejmuje to na przykład pestycydy aklonifen, bifenoks, cybutrynę i chinoksyfen, tributylocynę metaloorganiczną, dioksyny i związki dioksynopodobne, bromowane etery difenylowe, heksabromcyklododekany i ftalan di(2-etyloheksylu). Oprócz badań nad usuwaniem oddzielnych mikrozanieczyszczeń, przydatne byłoby również dokonanie oceny ich połączonego oddziaływania (synergicznego, dodatkowego lub antagonistycznego) w mieszaninach różnych związków w rzeczywistych matrycach, które lepiej odpowiadają rzeczywistym warunkom w oczyszczalniach ścieków. Kwestia ta musi być priorytetem dla badaczy naukowych, ale także dla organów regulacyjnych poprzez ocenę degradacji zanieczyszczeń przy użyciu różnych procesów (Ribeiro i in., 2015).

Ważną kwestią jest wyjaśnienie struktury chemicznej produktów ubocznych utleniania oraz ocena mechanizmów degradacji. Temat ten jest również ściśle związany z potencjalną toksycznością produktów ubocznych utleniania.

Większość opublikowanych badań dotyczy poszczególnych substancji w stężeniach wyższych od stężeń w środowisku i istnieje tylko kilka badań mających na celu degradację mieszanin związków w powszechnie występujących stężeniach (Ribeiro i in., 2015).

3.3.1.1 Procesy oparte na ozonie

Ozon (O3) to bezbarwny gaz o charakterystycznym zapachu i silnych właściwościach utleniających. Istnieją dwa podstawowe mechanizmy reakcji zwane ozonowaniem bezpośrednim i pośrednim. W ten sposób ozon może bezpośrednio reagować z pewnymi grupami funkcyjnymi związków organicznych występujących w wodzie i ściekach, takich jak węglowodory nienasycone i aromatyczne z podstawnikami, takimi jak grupy hydroksylowe, metylowe i aminowe, poprzez 1,3-dipolarną cykloaddycję i reakcje elektrofilowe, dając produkty degradacji. Z drugiej strony, ozon rozkłada się w wodzie tworząc rodniki HO-, które są silniejszymi utleniaczami niż sam ozon, indukując tym samym pośrednią ozonację. Rozkład ozonu w wodzie może być zainicjowany przez anion hydroksylowy HO-, a tym samym pośrednie utlenianie ozonu jest preferowane w alkalicznych warunkach pH, podczas gdy mechanizm bezpośredniej reakcji jest preferowany przy niskich wartościach pH.

Badania laboratoryjne wykazały, że ozon może być z powodzeniem stosowany do usuwania mikrozanieczyszczeń ze ścieków (Hollender i in., 2009). Jednym z przykładów jest zastosowanie w oczyszczalni ścieków w Regensdorf w Szwajcarii. Okazało się, że ozonowanie jest skutecznym sposobem na usunięcie ze ścieków szerokiej gamy organicznych mikrozanieczyszczeń. Ponad 90% substancji zostało zdegradowanych przy stosunkowo niskich dawkach ozonu, które wynosiły około 0,6 do 0,8 g-g-1 (O3/DOC). Antybiotyki, hormony, środki przeciwbólowe itp. zostały prawie całkowicie usunięte.

Doświadczenia i wyniki pracy oczyszczalni Regensdorf wykazały, że po ozonowaniu konieczny jest kolejny krok, np. filtracja piaskowa do usuwania reaktywnych produktów utleniania. Kolejną zaletą tego procesu jest to, że ozon usuwa nie tylko mikrozanieczyszczenia i bakterie, ale także zapach, kolor i pianę. Koszty związane z ozonowaniem w linii technologicznej oczyszczalni były o ok. 10-20% wyższe w porównaniu z kosztami wymaganymi przy pierwotnej eksploatacji technologii.

Głównymi czynnikami wpływającymi na efektywność ozonowania są:

1. pH ścieków
2. temperatura, w której odbywa się ozonowanie
3. ciśnienie cząstkowe ozonu
4. skład ścieków
5. czas kontaktu ozonu z wodą.

Efektywność ozonowania może być zwiększona, jeśli ozon jest połączony z napromieniowaniem ultrafioletowym, nadtlenkiem wodoru lub solami żelaza lub miedzi, które działają jako katalizatory, generując w ten sposób dodatkowe HO-.

Ozon przekazywany do reaktora podczas ozonowania wzorcowych próbek ścieków może być obliczany za pomocą makroskopowego bilansu masy w całym reaktorze:

$$O_{3,trans} = Q_g \int_0^t \frac{O_{3,in} - O_{3,out}}{V_R} dt \quad (3.1)$$

gdzie O3, oznacza dla przenoszonego ozonu [g-L-1], Qg natężenie przepływu gazu [Nm-3-min-1], O3, w stężeniu ozonu w gazie na wlocie [g-Nm-3], O3, na wylocie stężenie ozonu w gazie [g-Nm-3,] a VR jest objętością reaktora.

Desorpcja zanieczyszczeń lotnych z roztworu wodnego jest proporcjonalna do ich stężenia w roztworze wodnym.

$$\frac{dS}{dt} = -k \cdot S \qquad (3.2)$$

gdzie *k/h-1* jest wskaźnikiem desorpcji (Derco i in., 2012).

3.4 Procesy łączone

Ormad et al. (2008) monitorowali skuteczność usuwania pestycydów za pomocą procesów powszechnie stosowanych w technologiach uzdatniania wody pitnej w Hiszpanii i w rzece Ebro. Badane pestycydy były: Alachlor, aldryna, ametryna, atrazyna, chlorfenwinfos, chloropiryfos, pp'-DDD, op'-DDE, op'-DDT, desethylatrazyna, 3,4-dichloroanilina, 4,40-dichlorobenzofenon, dikofol, dieldryna, dimetoat, diuron, endosulhan, siarczan endosulfanu, endryna, α-HCH, β-HCH, γ-HCH, δ-HCH, heptachlor, epoksyd heptachloru, heptachlor ß-epoksyd, heksachlorobenzen, izodryna, 4-izopropylanilina, izoproturon, metolachlor, metoksychlor, molinat, paration metylowy, paration etylowy, prometon, prometryn, propazyna, symazyna, terbutyloazyna, terbutrina, trifluralina i tetradifon. Badano następujące procesy: utlenianie za pomocą chloru lub ozonu, wytrącanie chemiczne za pomocą siarczanu glinu oraz adsorpcję na węglu aktywnym. Utlenianie przez chlor usuwa 60% badanych pestycydów. Proces ten może być połączony z koagulacją, flokulacją, dekantacją, co przyczynia się do większej skuteczności usuwania pestycydów. Wadą tego procesu jest powstawanie trihalometanu. Utlenianie za pomocą ozonu usuwa 70% badanych pestycydów. W połączeniu z koagulacją, flokulacją, dekantacją, efektywność procesu nie poprawi się, ale w połączeniu z procesem adsorpcji węgla aktywnego, 90% badanych pestycydów zostanie usuniętych.

Ormad et al. (2010) monitorowali skuteczność usuwania pestycydów poprzez narażenie na działanie nadtlenku wodoru i dwutlenku tytanu za pomocą ozonu. W badaniu tym monitorowano skuteczność usuwania 44 pestycydów obecnych w naturalnych wodach rzeki Ebro (Hiszpania). Monitorowane pestycydy były: Alachlor, aldryna, ametryna, atrazyna, chlorfenwinfos, chloropiryfos, pp'-DDD, op'-DDE, op'-DDT, pp'-DDT, desethylatrazina, 3,4-dichloranilina,4

,4'-dichlorobenzofenon, dikofol, dieldryna, dimetoat, diuron, alfa-endosulfan, siarczan endosulfanu, endryna, α-HCH, β-HCH, γ-HCH, δ-HCH, heptachlor, epoksyd heptachloru, epoksyd heptachloru B, heksachlorobenzen, 4-izopropanilina, izoproturon, metolachlor, metoksychlor, molinat, paration metylowy, paration etylowy, prometon, prometryna, propazyna, symazyna, terbutyloazyna, terbutrina, tetradifon i trifluralina. Do ozonowania użyto 3 mg-L-1 O3 z 23% skutecznością usuwania pestycydów. Jeżeli zastosowano kombinację O3/H2O2 i O3/TiO2, osiągnięto mniejszą skuteczność usuwania niż w przypadku samego procesu ozonowania. Jednakże, w połączeniu z O3/H2O2/TiO2, skuteczność usuwania pestycydów została znacząco zwiększona do 36%.

Xue i in. (2008) przedstawiają wyniki badania mającego na celu usunięcie heksachlorobenzenu (HCB) z wody poprzez zaawansowane procesy utleniania, takie jak UV,

O3 i UV/O3. Wyniki te pokazują, że promieniowanie UV nie przyczynia się do usuwania HCB i jest lepiej degradowane przez kombinację O3 i UV/O3. Podczas ozonowania i kombinacji UV/O3 osiągnięto wyższą wydajność usuwania HCB. W ciągu 40 min. osiągnięto 50% skuteczności usuwania HCB przy początkowym stężeniu 0,2 mg-L-1 przy pH 3. Szybkość usuwania HCB podczas ozonowania i kombinacji UV/O3 opisuje kinetykę pseudo-pierwszego rzędu.

3.4.1 Połączone procesy AOP i procesy biologiczne

Obecnie na całym świecie rośnie zainteresowanie rozwojem alternatywnych technologii ponownego wykorzystania wody, zwłaszcza w rolnictwie i przemyśle.

W związku z tym SPO są uważane za wysoce konkurencyjne technologie oczyszczania wody w celu usuwania zanieczyszczeń organicznych. Są to głównie substancje, które nie są usuwalne w konwencjonalnych procesach i procedurach ze względu na ich wysoką stabilność chemiczną lub niską podatność na biodegradację. Pełna mineralizacja poprzez procesy chemicznego utleniania jest zazwyczaj kosztowna. Zmniejszenie kosztów operacyjnych można jednak osiągnąć poprzez ich połączenie z przetwarzaniem biologicznym (Muñoz i in., 2006). Badania wykazały, że biodegradacja w ściekach zmieni się, gdy najpierw zostaną one poddane utlenianiu chemicznemu. Głównym zadaniem chemicznej obróbki wstępnej jest częściowe utlenianie biologicznie trwałych substancji w celu wytworzenia półproduktów ulegających biodegradacji. Odsetek mineralizacji powinien być minimalny podczas obróbki wstępnej, aby uniknąć niepotrzebnych kosztów substancji chemicznych i energii, a tym samym zmniejszyć koszty operacyjne. Jest to ważne, ponieważ koszty energii elektrycznej stanowią około 60 % całkowitych kosztów operacyjnych.

Pestycydy mogą przedostawać się do środowiska wodnego bezpośrednio jako ścieki przemysłowe lub jako ścieki z oczyszczalni ścieków. Droga pośrednia związana jest ze środkami ochrony roślin, takimi jak biocydy lub nawozy w rolnictwie. Ogólnie rzecz biorąc, substancje łatwo rozpuszczalne w wodzie mogą być transportowane i rozprowadzane w obiegu wody. Stwierdzono duże ilości substancji trwałych w dużych odległościach od źródeł ich zrzutów (Vare i in., 2006).

Główne sposoby usuwania substancji toksycznych w wodzie naturalnej to biodegradacja i fotodegradacja. Fotodegradacja jest ważnym mechanizmem degradacji węglowodorów aromatycznych, chlorowanych węglowodorów aromatycznych, chlorowanych fenoli i pestycydów. Najważniejszymi fotouczulaczami w naturalnej wodzie są azotany i kwasy humusowe. Procesy biologiczne nie zawsze dają zadowalające rezultaty, zwłaszcza w przypadku oczyszczalni ścieków przemysłowych, ponieważ wiele substancji organicznych wytwarzanych w przemyśle chemicznym jest toksycznych i odpornych na biologiczne oczyszczanie (Steber i in., 1986). Dlatego też jedyną wykonalną opcją dla tych biologicznie trwałych ścieków jest zastosowanie nowoczesnych technologii opartych na utlenianiu chemicznym, takich jak AOP. Procesy te rozkładają zanieczyszczenia organiczne poprzez produkcję rodników hydroksylowych, które są wysoce reaktywne.

i nieselektywne (Gogate i in., 2004a, 2004b). Jedną z możliwych alternatyw jest wykorzystanie tych chemicznych procesów utleniania do wstępnego oczyszczania ścieków i w ten sposób przeniesienie początkowo trwałych substancji organicznych na półprodukty ulegające biodegradacji, które następnie zostaną przetworzone w biologicznym procesie utleniania przy znacznie niższych kosztach.

3.4.2 Połączone procesy fizykochemiczne

Zbadano kilka procesów technologicznych dotyczących degradacji pestycydów w ściekach zawierających pestycydy pochodzące z fabryk przemysłowych, pól uprawnych oraz myjek/płuczek (Al Monani i in., 2004). Zanieczyszczenie pestycydami zostało również potwierdzone w wodach powierzchniowych i gruntowych w zakresie stężeń od μg-L-1 do mg-L-1. Z procedur obróbki fizycznej preferowane jest parowanie i adsorpcja na węglu aktywnym, z procesów chemicznych jest to fotoliza, hydroliza i utlenianie chemiczne, a w końcu rozkład biologiczny (Felsot i in., 2003). Felsot i in. (2003) proponują jako odpowiedni i dopuszczalny wariant oczyszczania ścieków z zawartością pestycydów połączenie metod fizycznych i chemicznych z procesami biologicznymi.

Inni autorzy (van der Hoek et al., 1999) zalecają biodegradację związaną z adsorpcją na granulowanym węglu aktywnym. Ponadto grupa procesów fizycznych składa się z nanofiltracji, odwróconej osmozy, powolnej filtracji piaskowej (Lambert i in., 1995), adsorpcji na węglu aktywnym (Baldauf, 1993; Gicquel i in., 1997; Thacker i in., 1997). Reynolds et al. (1989) i Camel et al. (1998) informują o utlenianiu chemicznym, np. ozonowaniu i AOP. Jednakże żaden z wyżej wymienionych procesów nie może całkowicie usunąć pestycydów. Procesy fizyczne powodują jedynie rozdzielenie zanieczyszczeń na inną fazę, w której konieczne jest dalsze ich przetwarzanie w przypadku adsorbowanych pestycydów. Ponadto, adsorpcja na węglu aktywnym nie jest przydatna dla substancji polarnych (Baldauf, 1993). Utlenianie chemiczne prowadzi do niepełnego rozkładu cząsteczek pestycydów, a w konsekwencji do powstawania niepożądanych produktów ubocznych. Dlatego też do usuwania pozostałości pestycydów i produktów ubocznych stosuje się zazwyczaj połączenie procesów fizycznych i chemicznych (Croll, 1996; Griffini i in., 1999; Richard, 1993).

3.4.3 Połączenie zaawansowanych procesów utleniania (AOP)

AOP są efektywnymi procesami oczyszczania wody, a głównie oczyszczania ścieków. Jednym z ich głównych problemów jest koszt w porównaniu z innymi konwencjonalnymi procesami leczenia, takimi jak leczenie biologiczne (Sarria i in., 2003). Oczyszczanie ścieków zanieczyszczonych przez nieulegające biodegradacji toksyczne związki organiczne jest złożonym problemem środowiskowym. Jest on widoczny w kilku dziedzinach przemysłu, takich jak przemysł celulozowo-papierniczy, włókienniczy i petrochemiczny. Jeśli chodzi o toksyczność pestycydów, to oczywiste jest, że te gatunki ksenobiotyczne są w wielu przypadkach słabo biodegradowalne lub ulegają degradacji. Jedną z możliwości są AOP i proces biologiczny, który może zminimalizować koszty oczyszczania wody i ścieków zanieczyszczonych przez te zanieczyszczenia (Scott i in., 1997; Beltran i in., 1999). Felsot i in. (2003) poinformowali, że połączenia metod fizycznych i chemicznych z procesami biologicznymi są również przydatne w oczyszczaniu ścieków zawierających pestycydy. We wszystkich tych badaniach preferowane jest stosowanie chemicznych procesów utleniania jako obróbki wstępnej lub trzeciorzędowej po obróbce biologicznej (Beltran, 2004; Lapertot i in., 2006).

Połączenie procesów chemicznych i biologicznych w celu częściowego utlenienia chemicznego nie koncentruje się na mineralizacji materii organicznej, lecz na przekształceniu wysoce toksycznych substancji w biodegradowalne półprodukty, które mogą być całkowicie zmineralizowane przez kolejne procesy biologiczne (Esplugas i in., 2004). Możliwość zastosowania minimalnej ilości środka utleniającego jest zazwyczaj najdroższą częścią procesu chemicznego, po której następuje tani proces biologiczny (np. osad czynny, reaktor biofilmu), co przyczynia się do zwiększenia wydajności procesu. Większość badań dotyczy stosowania procesu ozonowania (Marco i in., 1997; Helble i in., 1999; Yeber i in., 1999; Beltran i in., 1999; Benitez i in., 2001; Ledakowicz i in., 2001).

Przykładem jest stosowanie ozonu przed i po oczyszczaniu biologicznym (połączenie ozonowania i procesu biologicznego) w strumieniach wody zawierających różne pestycydy w różnych stężeniach. Wyniki wskazują na 56-98% skuteczność usuwania pestycydów przy stosowaniu ozonu na etapie obróbki wstępnej. Udział procesu biologicznego wynosi od 1,8 do 41%.

3.5 Przegląd badań nad usuwaniem pestycydów przez różne AOP

Przegląd badań nad usuwaniem pestycydów z grupy priorytetowych i priorytetowych substancji niebezpiecznych z wykorzystaniem różnych AOP podano w tabeli 3.5.1.

Tabela 3.5.1 Studia nad usuwaniem priorytetowych i priorytetowych niebezpiecznych pestycydów.

Pestycydy chloroorganiczne zawarte w dyrektywie 2013/39/UE		
aldryna	• w połączeniu z innymi pestycydami: ozonowanie, chlorowanie za pomocą NaClO, adsorpcja na węglu aktywnym w połączeniu z ozonowaniem wstępnym, koagulacja / flokulacja / dekantacja za pomocą $Al2(SO4)_3$ - w połączeniu z ozonowaniem i chlorowaniem (samo ozonowanie prowadzi do 70% usunięcia pestycydów) natomiast ozonowanie połączone z adsorpcją na GAC spowodowało usunięcie 90%) • ozonowanie, O3/H2O2, ozonowanie katalityczne (O3/TiO2 i O3/TiO2/H2O2) • Fenton, foto-Fenton, UV/H2O2, UV/Fe2+ - pestycydy	Ormad i in., 2008 Ormad i in., 2010 Kusvuranand Erbatur, 2004 r.

	adsorbowane na Na-montmorylonit lub węgiel aktywny, wydajność usuwania wyższa przy użyciu montmorylonitu, w następującej kolejności: UV/Fenton > UV/H2O2> Fenton > UV/Fe2+	
dieldryna, endryna	• w połączeniu z innymi pestycydami: ozonowanie, chlorowanie za pomocą NaClO, adsorpcja na węglu aktywnym w połączeniu z ozonowaniem wstępnym, koagulacja / flokulacja / dekantacja za pomocą $Al2(SO4)_3$ - w połączeniu z ozonowaniem i chlorowaniem (samo ozonowanie prowadzi do 70% usunięcia pestycydów, podczas gdy ozonowanie połączone z adsorpcją na GAC spowodowało usunięcie 90%). • ozonowanie, O3/H2O2, ozonowanie katalityczne (O3/TiO2 i O3/TiO2/H2O2)	Ormad i in., 2008 Ormad i in., 2010
izodryna	• ozonowanie, O3/H2O2, ozonowanie katalityczne (O3/TiO2 i O3/TiO2/H2O2)	Ormad i in., 2010
endosulfan	• ozonowanie, O3 / H2O2, ozonowanie katalityczne (O3/TiO2 i O3/TiO2/H2O2) • promieniowanie UV-C + anion nadsiarczanowy S2O82-; UV-C + anion nadtlenosiarczanowy HSO5-; UV-C + H2O2 (skuteczność: UV/S2O82- > UV / HSO5-> UV / H2O2) • foto-Fenton - zwiększenie biodegradowalności o 50%	Ormad i in., 2010 Shah et al., 2013 Kenfack i in. 2009
dikofol	• w połączeniu z innymi pestycydami: ozonowanie, chlorowanie za pomocą NaClO, adsorpcja na węglu aktywnym w połączeniu z ozonowaniem wstępnym, koagulacja / flokulacja / dekantacja za pomocą $Al2(SO4)_3$ - w połączeniu z ozonowaniem i chlorowaniem (samo ozonowanie prowadzi do 70% usunięcia pestycydów, podczas gdy ozonowanie połączone z adsorpcją na GAC spowodowało usunięcie 90%). • ozonowanie, O3 / H2O2, ozonowanie katalityczne (O3/TiO2 i O3/TiO2/H2O2)	Ormad i in., 2008 Ormad i in., 2010
heptachlor	• w połączeniu z innymi pestycydami: ozonowanie, chlorowanie za pomocą NaClO, adsorpcja na węglu aktywnym w połączeniu z ozonowaniem wstępnym, koagulacja / flokulacja / dekantacja za pomocą $Al2(SO4)_3$ - w połączeniu z ozonowaniem i chlorowaniem (samo ozonowanie prowadzi do 70% usunięcia pestycydów) natomiast ozonowanie połączone z adsorpcją na GAC spowodowało usunięcie 90%) • w połączeniu z innymi pestycydami: ozonowanie, O3 / H2O2, ozonowanie katalityczne (O3 / TiO2 i O3 / TiO2 /	Ormad i in., 2008 Ormad i in., 2010

	H_2O_2) - skuteczność usuwania pestycydów przy użyciu samego ozonowania wynosiła 23%; O_3 / H_2O_2 i O_3 / TiO_2 jeszcze mniej skuteczne; dla procesu O_3 / TiO_2 / H_2O_2 skuteczność wynosiła 36%; wskaźnik rozkładu poszczególnych grup pestycydów zmniejszył się w kolejności: DDT i pestycydy fosforoorganiczne > endosulfany i triazyny > HCH	
pentachlorofenol	• Fenton - układ jednorodny (Fe^{2+}, Fe^{3+}) i niejednorodny (Fe_3O_4) • foto-Fenton • elektro-Fenton (katoda węglowa lub grafitowa i anoda Pt)	Xue i in., 2009 Rubio i in., 2006 Oturan i in. 2009
Lindane (γ-heksachlorocycloheksan)	• foto-Fenton: usunięcie 95% TOC (całkowitego węgla organicznego) po 2 h, 99,9% TOC po 4 h • w połączeniu z innymi pestycydami: ozonowanie, chlorowanie za pomocą NaClO, adsorpcja na węglu aktywnym w połączeniu z ozonowaniem wstępnym, koagulacja / flokulacja / dekantacja za pomocą $Al_2(SO_4)_3$ - w połączeniu z ozonowaniem i chlorowaniem (samo ozonowanie prowadzi do 70% usunięcia pestycydów, podczas gdy ozonowanie połączone z adsorpcją na GAC spowodowało usunięcie 90%). • w połączeniu z innymi pestycydami: ozonowanie, O_3/H_2O_2, ozonowanie katalityczne (O_3/TiO_2 i $O_3/TiO_2/H_2O_2$) - skuteczność usuwania pestycydów przy użyciu samego ozonowania wynosiła 23%; O_3/H_2O_2 i O_3/TiO_2 jeszcze mniej skuteczne; dla procesu O_3 /TiO_2/H_2O_2 skuteczność wynosiła 36%; szybkość rozkładu poszczególnych grup pestycydów zmniejszyła się w kolejności: DDT i pestycydy fosforoorganiczne > endosulfany i triazyny > HCH	Nitoi i in., 2013 Ormad i in., 2008 Ormad i in., 2010
heksachlorobenzen		
heksachlorobutadien		
DDT	• w połączeniu z innymi pestycydami: ozonowanie, chlorowanie za pomocą NaClO, adsorpcja na węglu aktywnym w połączeniu z ozonowaniem wstępnym, koagulacja / flokulacja / dekantacja za pomocą $Al_2(SO_4)_3$ - w połączeniu z ozonowaniem i chlorowaniem (samo ozonowanie prowadzi do 70% usunięcia pestycydów, podczas gdy ozonowanie połączone z adsorpcją na GAC spowodowało usunięcie 90%). • ozonowanie, O_3/H_2O_2, ozonowanie katalityczne (O_3/TiO_2 i $O_3/TiO_2/H_2O_2$)	Ormad i in., 2008 Ormad i in., 2010
Pozostałe pestycydy objęte dyrektywą 2013/39/UE		
chlorfenwinfos	• w połączeniu z innymi pestycydami: ozonowanie,	Ormad i in.,

	chlorowanie za pomocą NaClO, adsorpcja na węglu aktywnym w połączeniu z ozonowaniem wstępnym, koagulacja / flokulacja / dekantacja za pomocą $Al2(SO4)_3$ - w połączeniu z ozonowaniem i chlorowaniem (samo ozonowanie prowadzi do 70% usunięcia pestycydów, podczas gdy ozonowanie połączone z adsorpcją na GAC spowodowało usunięcie 90%). • Fenton - pH 2 - 5, temperatura 10 - 70°C; rosnące temperatura doprowadziła do skrócenia wymaganego czasu dla całkowitej degradacji chlorfenwinfosu • foto-Fenton - w połączeniu z innymi pestycydami, wszystkie pestycydy uległy degradacji i znacznej mineralizacji. Photo-Fenton przy niskim stężeniu żelaza zaproponowano jako dobry wybór do oczyszczania docelowych zanieczyszczeń, o niskim ładunku żelaza	2008 Oliveira i in., 2014 Rubio i in., 2006
chlorpyrifos	• ozonowanie, O3/H2O2, ozonowanie katalityczne (O3/TiO2 i O3/TiO2/H2O2) • UV, H2O2, UV/H2O2 - najwyższa skuteczność została osiągnięta przy użyciu UV/H2O2	Ormad i in., 2010 De Oliveira et al., 2014
dichlorvos	• elektrochemiczny układ utleniania przy użyciu anod SnO2 Sb2O5 - wysoka wydajność usuwania (70 - 98%)	Vargas et al. 2014)
Atrazine	• w połączeniu z innymi pestycydami: ozonowanie, chlorowanie za pomocą NaClO, adsorpcja na węglu aktywnym w połączeniu z ozonowaniem wstępnym, koagulacja / flokulacja / dekantacja za pomocą $Al2(SO4)_3$ - w połączeniu z ozonowaniem i chlorowaniem (samo ozonowanie prowadzi do 70% usunięcia pestycydów) natomiast ozonowanie połączone z adsorpcją na GAC spowodowało usunięcie 90%) • ozonowanie w połączeniu z innymi pestycydami: reaktywność z pestycydów zmniejszył się w następującej kolejności: izoproturon > diuron > atrazyna > chlorofenowinfos > alachlor • ozonowanie, O3/H2O2, ozonowanie katalityczne (O3/TiO2 i O3/TiO2/H2O2) • ozonowanie katalityczne (katalizator: nanorurki węglowe) - zwiększone tempo mineralizacji i większy spadek całkowitej toksyczności w porównaniu z ozonowaniem bez katalizatora • katalizowana ozonacja przy użyciu nanowłókna węglowego na nośniku ceramicznym • UV + S2O82-; UV + HSO5-; UV + H2O2 (pH 3,5; 7 i	Ormad i in., 2008 Maldonado et al., 2006 Ormad i in., 2010 Fan et al., 2014 Derrouiche et al., 2013 Khan et al., 2014 Lekkerker-Teunissen i in., 2013

	11) - najwyższa skuteczność UV / S2O82-; wpływ pH nie był istotny, tylko dla UV/S2O82- skuteczność była najwyższa przy pH = 7 • UV/H2O2 - skuteczność eliminacji od 30 do 50% (atom azotu w pierścieniu aromatycznym może utrudniać utlenianie) • mikrofiltracja, następnie UV / H2O2 - sprawność 88%, odwrócona osmoza, następnie UV/H2O2 - sprawność 98%. • Fenton - 50% skuteczności usuwania TOC • Fenton i foto-Fenton - 57% usunięcie TOC przy użyciu proces fotofentonowy (2 h), całkowita eliminacja atrazyny już po 5 minutach • UV/H2O2/zeolit (FeZSM-5); UV/H2O2; UV; H2O2/zeolit (FeZSM-5); adsorpcja zeolitu (FeZSM-5) - efektywność procesów odpowiadających niniejszemu zarządzeniu • Fenton, foto-Fenton UV-A (365 nm) i foto-Fenton UV-C (254 nm) - 20% wydajność usuwania dla procesu Fenton, 60% foto-Fenton UV-A i 70% foto-Fenton • Fenton i fentonopodobne (Fe0/H2O2/H2SO4) - całkowita degradacja, mineralizacja • electro-Fenton: najwyższa wydajność przy użyciu anody diamentowej z domieszką boru i katody węglowej	James et al. 2014) Sanchis et al., 2014 Rizzo i in. 2009 Grčić i in. 2009 De Luca et al. 2013 Mackul'ak et al., 2011 Oturan i in. 2011
cybutryna		
Simazine	• w połączeniu z innymi pestycydami: ozonowanie, chlorowanie za pomocą NaClO, adsorpcja na węglu aktywnym w połączeniu z wstępną ozonowaniem, koagulacja / flokulacja / dekantacja za pomocą $Al2(SO4)_3$ - w połączeniu z ozonowaniem i chlorowaniem (samo ozonowanie prowadzi do 70% usunięcia pestycydów, podczas gdy ozonowanie połączone z adsorpcją na GAC spowodowało usunięcie 90%). • O3/H2O2 przy pH 3 - 11: na szybkość usuwania i mineralizacji simazyny duży wpływ miały pH i H2O2; dawka H2O2 75 mg-L-1 i pH 11 doprowadziły do najwyższego poziomu usunięcia (94%) i mineralizacji (82%). • ozonowanie, O3 / H2O2, ozonowanie katalityczne (O3/TiO2 i O3/TiO2 / H2O2)	Ormad i in., 2008 Catalkaya i Kargi, 2009 Ormad i in., 2010
terbutryna	• ozonowanie, O3 / H2O2, ozonowanie katalityczne (O3/TiO2 i O3/TiO2 / H2O2) • O3, LP/UV, fotokataliza światła widzialnego, przy użyciu lampy rtęciowej LP-UV254 nm i lampy łuku X; katalizator: Ce-doped TiO2. Wskaźnik efektywności był: O3> UV > Xe-Ce-TiO2> Xe	Ormad i in., 2010 Santiago-Morales i in., 2013 James et al., 2014

	• mikrofiltracja, następnie UV / H_2O_2 - sprawność 88%, odwrócona osmoza, następnie UV/H_2O_2 - sprawność 99%.	
diuron	• O_3 i O_3 / H_2O_2 - przy pH 2,4 (utlenianie bezpośrednie) niska reaktywność; przy pH 7,2 i dodaniu nadtlenku wodoru (utlenianie pośrednie) wysoka wydajność • ozonowanie, O_3 / H_2O_2, ozonowanie katalityczne (O_3/TiO_2 i O_3/TiO_2 / H_2O_2) • UV / H_2O_2 - wydajność usuwania od 50 do 90% • Fenton - 50% skuteczności usuwania TOC • Fenton - w zoptymalizowanych warunkach 58% mineralizacja, 98,5% usunięcie pestycydu • foto-Fenton, Fenton, ferrioksalan/UV/H_2O_2, Fe^{3+}/UV i UV - najbardziej efektywnym procesem był Fe^{3+}/UV • foto-Fenton - 90% mineralizacji po 20 minutach procesu	Chen i in., 2008 Ormad i in., 2010 Lekkerker-Teunissen i in. 2013 Sanchis et al., 2014 Catalkaya i Kargi, 2007 Djebbar i in., 2008 Paterlini i Nogueira, 2005 r.
izoproturon	• foto-Fenton (niejednorodny i jednorodny) • UV / H_2O_2 - wydajność usuwania od 30 do 50%	Bobu i in. 2007 Lekkerker-Teunissen i in. 2013
alachlor	• ozonowanie, ozonowanie katalityczne (Cu/Al_2O_3) - usuwanie 20%. TOC poprzez ozonowanie i usuwanie 75% poprzez katalityczne ozonowanie • w połączeniu z innymi pestycydami: ozonowanie, chlorowanie za pomocą NaClO, adsorpcja na węglu aktywnym w połączeniu z wstępną ozonowaniem, koagulacja / flokulacja / dekantacja za pomocą $Al_2(SO_4)_3$ - w połączeniu z ozonowaniem i chlorowaniem (samo ozonowanie prowadzi do 70% usunięcia pestycydów, podczas gdy ozonowanie połączone z adsorpcją na GAC spowodowało usunięcie 90%). • ozonowanie, O_3/H_2O_2, ozonowanie katalityczne (O_3/TiO_2 i $O_3/TiO_2/H_2O_2$) • O_3; O_3/H_2O_2 - ozonowanie mniej skuteczne niż O_3/H_2O_2, rozkład do wysokocząsteczkowych produktów ubocznych, niewielkie zmniejszenie toksyczności (*Daphnia magna*) • Fenton - 50% skuteczności usuwania TOC	Sanches et al., 2013 Ormad i in., 2008 Ormad i in., 2010 Qiang et al., 2010 Sanchis et al., 2014
trifluralina	• w połączeniu z innymi pestycydami: ozonowanie, chlorowanie za pomocą NaClO, adsorpcja na węglu aktywnym w połączeniu z wstępną ozonowaniem, koagulacją / flokulacją / dekantacją za pomocą $Al_2(SO_4)_3$ - w połączeniu z ozonowaniem i chlorowaniem (samo ozonowanie prowadzi	Ormad i in., 2008

	do 70% usunięcia pestycydów) natomiast ozonowanie połączone z adsorpcją na GAC spowodowało usunięcie 90%) • ozonowanie, O3/H2O2, ozonowanie katalityczne (O3/TiO2 i O3/TiO2/H2O2) • O3; UV, UV/H2O2 i O3/H2O2: skuteczność usuwania wynosiła UV < UV/H2O2< O3< O3/H2O2	Ormad i in., 2010 Chelme-Ayala i in. , 2010
cypermetryna	• UV/TiO2 i UV/TiO2/H2O2	Affam i Chaudhuri, 2013 r.
aclonifen		
bifenox		
quinoxyfen		

4 Eksperymentalny

4.1 Stosowany sprzęt

Zastosowano dwa rodzaje urządzeń do ozonowania. Schemat urządzeń do ozonowania z reaktorem ozonowania typu jet-loop z recyrkulacją zewnętrzną pokazano na rys. 4.1. Reaktor jest cylindryczny i wykonany ze stali nierdzewnej, dzięki zastosowaniu agresywnego ozonu, który ma właściwości korozyjne. Wysokość reaktora wynosi 1 m, średnica wewnętrzna 0,08 m, objętość efektywna 3,0 litra, płaszcz zewnętrzny z możliwością odpuszczania, gdzie kontrolę temperatury zapewniał zewnętrzny termostat firmy Julabo.

Na dnie reaktora znajduje się lampa UV Pen-Ray o następujących parametrach: długość fali 254 nm, długość 0,225 m i moc 5200 mW-cm-2 do wytwarzania rodników hydroksylowych w reaktorze.

Ozon był podawany do reaktora przez wyrzutnik Venturiego. Recyrkulacja mieszaniny reakcyjnej była utrzymywana za pomocą pompy membranowej o maksymalnej wydajności 150 l/h-1. W celu zminimalizowania pulsacji obiegu zewnętrznego zastosowano membranowy tłumik pulsacji (SERA 721.1 Seybert Rahier, Immenhausen, Niemcy). Ten typ reaktora został również wyposażony w urządzenie do próbkowania w wybranych przedziałach czasowych podczas procesu.

System działał w trybie wsadowym w odniesieniu do próbek ścieków. Próbki zostały dodane do reaktora ozonowania na początku badań.

Zastosowano generator ozonu Lifetech o maksymalnej produkcji ozonu 5 g-h-1. Do wytwarzania ozonu zastosowano ciągły przepływ tlenu w ilości 60 dm3-h-1. Próby ozonowania zostały przeprowadzone przy 50% mocy maksymalnej generatora ozonu.

Mieszanina O3 i O2 została wprowadzona do próbki ścieków przez wyrzutnik Venturiego. W tym samym czasie wyrzutnik zasysał mieszaninę O3 i O2 z przestrzeni głowicy reaktora. To, wraz z obiegiem zewnętrznym, powinno poprawić efektywność wykorzystania ozonu w reaktorze ozonowania.

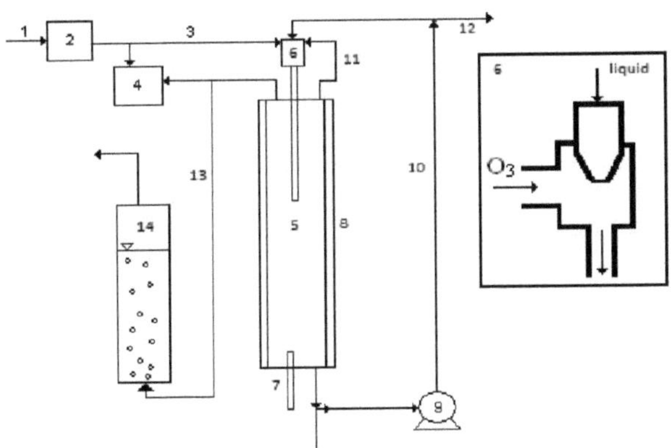

Rys. 4.1 Schemat poglądowy aparatury do ozonowania eksperymentalnego.

1 - tlen, 2 - generator ozonu, 3 - mieszanina O2 i O3, 4 - detektor ozonu, 5 - reaktor ozonowania, 6 - wyrzutnik Venturiego, 7 - lampa UV, 8 - hartowanie reaktora, 9 - pompa,
10 - zewnętrzna recyrkulacja cieczy, 11 - recyrkulacja gazów w przestrzeni roboczej, 12 - próbnik, 13 - wylotowa mieszanina gazów, 14 - kolumna pęcherzykowa do niszczenia resztek ozonu

W procesach ozonowania i kombinowanej ozonacji z promieniowaniem UV zastosowanym do rzeczywistych ścieków, moc generatora ozonu została utrzymana na poziomie 80% mocy maksymalnej. Przepływ tlenu wynosił 60 l-h-1a, a recyrkulacja mieszaniny reakcyjnej była w tym przypadku utrzymywana na poziomie 75 l-h-1. W ciągu 1,0 godziny ozonowania i połączonych procesów ozonowania UV, mieszanina tlenu i ozonu o stężeniu 64,9 gO3-N-1-m-3 została wprowadzona do reaktora podczas oczyszczania ścieków rzeczywistych. Podczas ozonowania stężenie ozonu na wylocie reaktora recyrkulacyjnego wynosiło 46,3 gO3-N-1-m-3, a podczas ozonowania 48,5 gO3-N-1-m-3, odpowiednio podczas ozonowania połączonego z promieniowaniem UV.

Innym rodzajem reaktora ozonowania stosowanym do reakcji homogenicznych była kolumna pęcherzykowa do ozonowania. Wylotowa mieszanina gazów została wprowadzona do kolumny pęcherzykowej przez drobno pęcherzykowy, porowaty element dystrybucyjny. Kolumna pęcherzykowa miała średnicę 0,04 m i wysokość 1,7 m. Kolumna została wypełniona roztworem jodku potasu. Nadmierne niszczenie ozonu zostało przeprowadzone w tej kolumnie. Efektywna objętość kolumny pęcherzykowej wynosiła 1,0 dm3.

Ozonowanie adsorpcyjne przeprowadzono w reaktorze ze szkłem mieszanym (rysunek 4.2). Mieszanie niejednorodnej mieszaniny odbywało się za pomocą mieszadła magnetycznego przez cały czas trwania eksperymentu, co pozwoliło adsorbentowi na utrzymanie jego ekspansji podczas eksperymentu, a tym samym na zwiększenie adsorpcyjnej wydajności ozonowania. Do adsorpcyjnej ozonacji użyto granulowanego węgla aktywowanego Norit Row 0,8 z Vulcascot oraz naturalnego zeolitu zakupionego przez Zeocem Bystré jako materiału adsorpcyjnego. Badania w zakresie ozonowania adsorpcyjnego przeprowadzono na modelowych ściekach zawierających wybrane pestycydy chlorowane, takie jak heksachlorobutadien (HCBD), pentachlorobenzen (PeCB), heksachlorobenzen (HCB), lindan (LIN) i heptachlor. Eksperymenty były przeprowadzane w warunkach laboratoryjnych. Doświadczenia te zostały przeprowadzone przy przepływie tlenu 60 l/h-1 i wydajności generatora ozonu 50% maksymalnej wydajności generatora. Reaktor ozonowy był cylindryczny, wykonany ze szkła o średnicy d = 0,07 m i wysokości h = 0,2 m, o całkowitej objętości V = 0,5 dm3. Waga poszczególnych materiałów adsorpcyjnych wynosiła mGAC = 0,10 g i mZEO = 1,0 g przy frakcjach o wielkości cząstek d = 0,2-0,5 mm. Podczas eksperymentów ozon był podawany do reaktora za pomocą fryty tuż nad dnem reaktora.

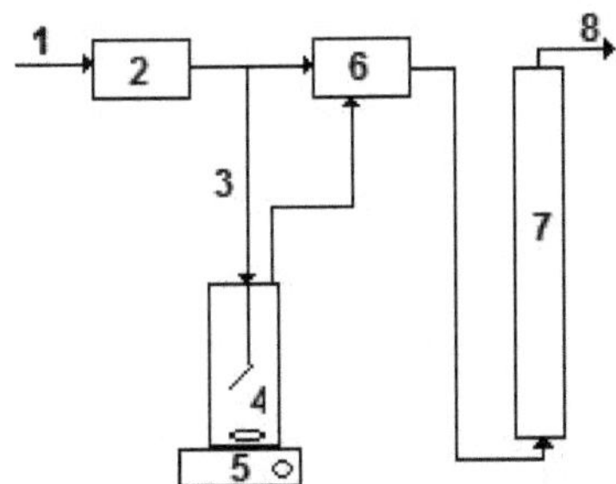

Rys. 4.2 Schemat całkowicie zmieszanego reaktora ozonowania
1 - tlen, 2 - generator ozonu, 3 - mieszanina O2 i O3, 4 - reaktor ozonowy, 5 - mieszadło magnetyczne, 6 - detektor ozonu, 7 - kolumna niszczenia ozonu nieprzereagowanego, 8 - wylot mieszanki gazowej

Niszczenie resztek ozonu zostało zakończone przez filtr GAC w obu reaktorach.

4.2 Metody analityczne

Zawartość pestycydów chloroorganicznych w wodzie mierzono metodą gazowej chromatografii cieczowej po ekstrakcji cieczowo-cieczowej przy użyciu n-heksanu 96%, p.a. dla HPLC (Analytika, s.c.) jako rozpuszczalnika organicznego. Ekstrakt analizowano metodą chromatografii gazowej z detektorem wychwytu mikroelektronicznego (Agilent Technologies 7890A GC Systems). Wszystkie macierzyste związki chloroorganiczne stosowane do przygotowania wzorcowych ścieków oraz standardowe roztwory magazynowe zostały zakupione od firmy Supelco Co. w wysokiej jakości (Derco i in., 2012).

Do oznaczania stężenia ozonu w fazie wodnej zastosowano standardową metodę oznaczania indygo według (APHA, AWWA, WEF, 2005).

4.3 Przetwarzanie danych kinetycznych

Dane doświadczalne dotyczące rozkładu chloroorganicznych pestycydów mogą być dopasowane przez zero (równanie (4.1)), pierwszy (równanie (4.2)) i drugi (równanie (4.3)) rzędu modeli kinetycznych reakcji. Dla systemu reakcji wsadowej, przy założeniu stałej objętości reakcji, uzyskano następujące zależności

$$S_t = S_0 - k_0 t \tag{4.1}$$

$$S_t = S_0 \exp(-k_1 t) \tag{4.2}$$

$$S_t = \frac{S_0}{(1 + S_0 k_2 t)} \tag{4.3}$$

gdzie st/(g m-3) oznacza wartość substancji w ściekach w czasie t, S0/(g-m-3) wartość początkową substancji w ściekach, k0/(g-m-3-h-1), k1(h-1), k2/(g-1-m3-h-1) stałe dawki dla kinetyki odpowiednio modelu zerowego, pierwszego i drugiego rzędu.

Parametry zastosowanych modeli kinetycznych zostały obliczone za pomocą procedury optymalizacji wyszukiwania w siatce. Pozostała suma kwadratów (S_r^2) pomiędzy obserwowanymi wartościami a wartościami podanymi przez model, podzielona przez jego liczbę stopni swobody (vliczba obserwacji minus liczba szacowanych parametrów), jest używana jako funkcja obiektywna

4.4 Przeprowadzone eksperymenty

Ozonowanie i połączone procesy ozonowania z promieniowaniem UV z modelowymi ściekami przeprowadzono w reaktorze ozonowym z recyrkulacją zewnętrzną o efektywnej objętości 3,0 litrów. Moc generatora ozonu została utrzymana na poziomie 50% mocy maksymalnej. Przepływ tlenu utrzymywany był na poziomie 60 l/h-1. Recyrkulacja zewnętrzna mieszaniny reakcyjnej wynosiła 150 l-h-1. W obu procesach reaktor był zasilany przez 60 minut gazową mieszaniną tlenu i ozonu 45,0 gO3-N-1-m-3.

W przypadku ozonowania i kombinowanej ozonacji z promieniowaniem UV rzeczywistych ścieków, moc generatora ozonu została utrzymana na poziomie 80% mocy maksymalnej. Przepływ tlenu wynosił 60 l-h-1, a recyrkulacja mieszaniny reakcyjnej 75 l-h-1. Podczas 1,0-godzinnej ozonacji i połączonej z ozonowaniem UV, do reaktora doprowadzono mieszaninę tlenu i ozonu o stężeniu 64,9 gO3-N-1-m-3 z rzeczywistymi ściekami. Podczas ozonowania stężenie ozonu na wylocie reaktora recyrkulacyjnego wynosiło 46,3 gO3-N-1-m-3, a 48,5 gO3-N-1-m-3 podczas ozonowania połączonego z promieniowaniem UV.

Ozonowanie adsorpcyjne przeprowadzono w reaktorze ze szkłem mieszanym (rysunek 4.2). Samo mieszanie zostało zabezpieczone mieszadłem magnetycznym przez cały czas trwania eksperymentu, co pozwoliło adsorbentowi na utrzymanie jego ekspansji podczas samego eksperymentu, a tym samym poprawiło wydajność ozonowania adsorpcyjnego. Do ozonowania adsorpcyjnego użyto granulowanego węgla aktywowanego Norit Row 0,8 z Vulcascot oraz naturalnego zeolitu otrzymanego z Zeocem Bystré jako adsorbentów. Badania przeprowadzono na modelowych ściekach zawierających wybrane pestycydy chlorowane, takie jak heksachlorobutadien (HCBD), pentachlorobenzen (PeCB), heksachlorobenzen (HCB), lindan (LIN) i heptachlor. Same eksperymenty zostały przeprowadzone w warunkach laboratoryjnych.

Doświadczenia przeprowadzono przy przepływie tlenu 60 l/h-1 i wydajności generatora ozonu 50% maksymalnej wydajności generatora. Reaktor ozonowy był cylindryczny, wykonany ze szkła o średnicy d = 0,07 m i wysokości h = 0,2 m, o całkowitej objętości V = 0,5 dm3. Masa poszczególnych materiałów adsorpcyjnych wynosiła mGAC = 0,10 g i mZEO = 1,0 g przy frakcji o wielkości cząstek d = 0,2-0,5 mm. Podczas eksperymentów ozon był podawany do reaktora za pomocą fryty tuż nad dnem reaktora.

5 Wyniki i dyskusja

5.1 Ozonationprocess

Usuwanie badanych pestycydów w zależności od czasu ozonowania jest pokazane na rysunku 5.1. Początkowe wartości stężenia wynosiły: heptachlor 136,3 ng-L-1, heksachlorobenzen (HCB) 242,6 ng-L-1, heksachlorobutadien (HCBD) 82,6 ng-L-1, lindan (LIN) 3681,6 ng-L-1 i pentachlorobenzen (PeCB) 720,8 ng-L-1.

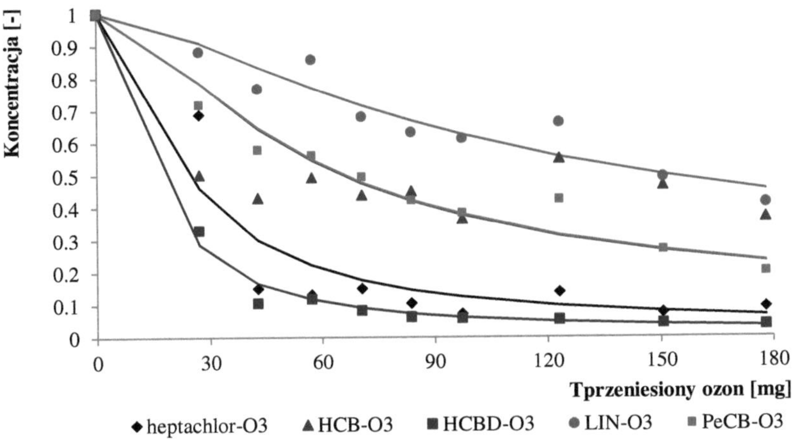

Rysunek 5.1 Zależności usuwania pestycydów (wartości bezwymiarowe) z modelowych ścieków od przenoszonego ozonu.

Najwyższe tempo eliminacji obserwowano w pierwszych 5 minutach ozonowania dla wszystkich badanych zanieczyszczeń z wyjątkiem heptachloru. Najwyższą skuteczność eliminacji (67,0%) osiągnięto dla HCBD. Najniższą skuteczność eliminacji (11,8%) osiągnięto dla heptachloru w tym samym czasie reakcji. Skuteczność usuwania zanieczyszczeń chlorowanych zwiększa się wraz ze wzrostem czasu reakcji. Jednak efektywny czas reakcji dla heptachloru i HCBD wynosił od 15 do 20 minut, kiedy porównywano skuteczność leczenia. Wydajność usuwania HCBD osiągnęła 88,8% po 20 minutach procesu. Drugą najwyższą skuteczność eliminacji (91,8%) odnotowano w HCBD. Z drugiej strony, HCB, PeCB i LIN zostały zubożone ozonem o skuteczności 63,2; 70,9 i 58,8% po 60 minutach ozonowania (Derco i in., 2013).

5.1.1 Wpływ temperatury na procesy utleniania

Badano wpływ temperatury (w temperaturze 8,7°C, 14°C i 17°C) na czas ozonowania. Niższe temperatury są typowe dla wód gruntowych, a wyższe temperatury są charakterystyczne dla wód powierzchniowych. Najwyższe stężenie ozonu wynoszące 2,36 mg-L-1 obserwowano w temperaturze T = 8,7°C. Najniższe stężenie ozonu w wodzie 1,71 mg-L-1 zostało osiągnięte przy najwyższej temperaturze T = 17°C (Valičková, 2014).

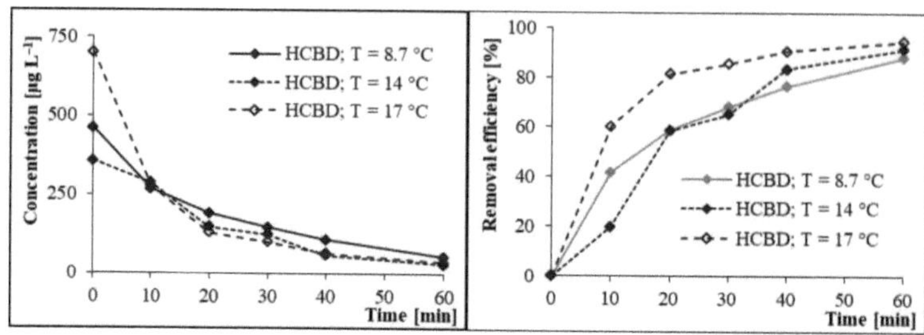

Rys. 5.1.1 Zależność między stężeniem HCBD a czasem podczas ozonowania z różnymi temeperaturami (po lewej) i wydajnością usuwania (po prawej) modelowych ścieków

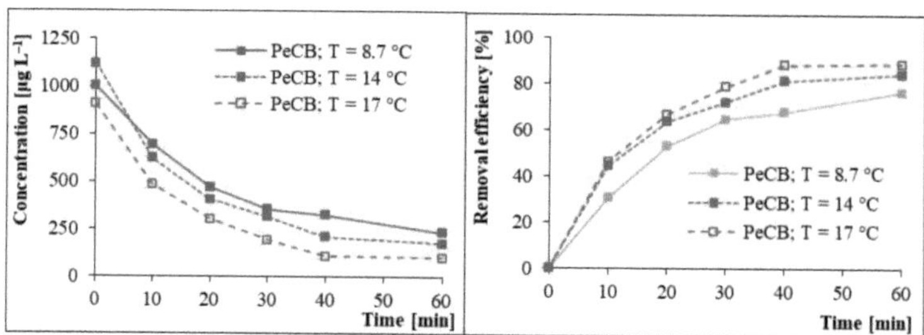

Rys. 5.1.2 Zależność między stężeniem PeCB a czasem podczas ozonowania z różnymi temeperaturami (po lewej) i wydajnością usuwania (po prawej) z modelowych ścieków.

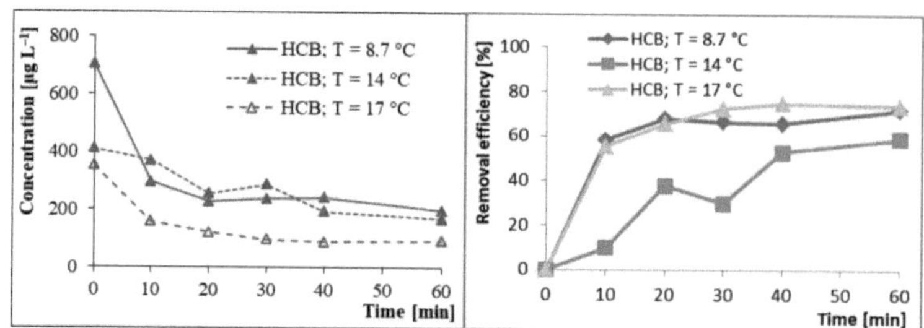

Rys. 5.1.3 Zależność między stężeniem HCB a czasem podczas ozonowania z różnymi temeperaturami (po lewej) i wydajnością usuwania (po prawej) modelowych ścieków

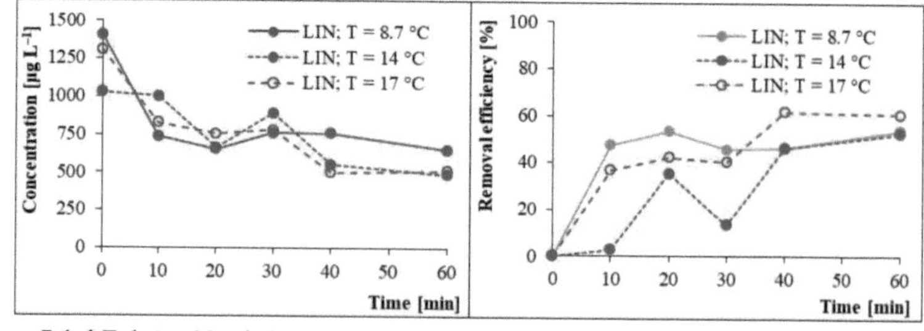

Rys. 5.1.4 Zależność między stężeniem LIN a czasem podczas ozonowania z różnymi temeperaturami (po lewej) i wydajnością usuwania (po prawej) modelowych ścieków

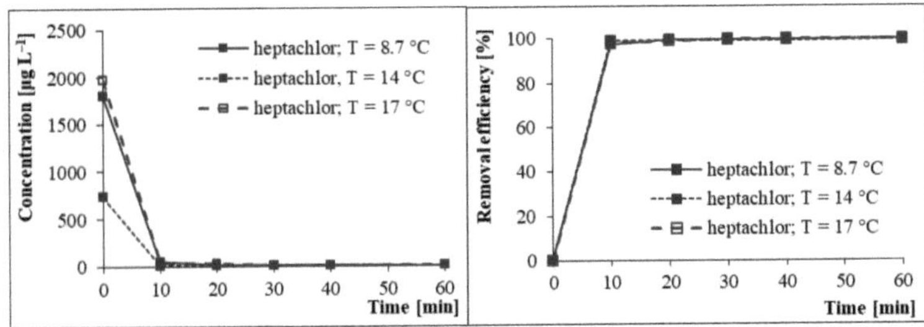

Rys. 5.1.5 Zależność między stężeniem heptachloru a czasem podczas ozonowania z różnymi temeperaturami (po lewej) i wydajnością usuwania (po prawej) modelowych ścieków

Tab. 5.1.1 Stałe kinetyczne i wartości współczynnika korelacji dla ozonowania wzorcowych ścieków podczas 60 min (T = 8,7°C)

Model	Parametr wzorcowy/ koeficient korelacji	Części składowe wzorcowych ścieków				
		HCBD	PeCB	HCB	LIN	Heptachlor
Eq. (0)	k0/(µg-L-1-min-1)	8.3	16.1	11.6	17.0	43.5
	rxy	0.6604	0.6791	0.6496	0.2220	0.3123
Eq. (1)	k1/(min-1)	16.7	16.6	16.6	2.1.10–2	16.6
	rxy	0.3600	0.1391	0.5773	0.2274	0.9990
Eq. (2)	k2/(µg-1-L-min-1)	1.7 x 10–4	5.5 x 10–5	1.2 x 10–4	2.4 x 10–5	2.5 x 10–3
	rxy	0.9902	0.9923	0.8734	0.5268	0.9999

Tab. 5.1.2 Stałe kinetyczne i wartości współczynnika korelacji dla ozonowania wzorcowych ścieków podczas 60 min (T = 14°C)

Model	Parametr wzorcowy/ Współczynnik korelacji	Części składowe wzorcowych ścieków				
		HCBD	PeCB	HCB	LIN	Heptachlor
Eq. (0)	k0/(µg-L-1-min-1)	6.5	20.6	4.6	9.6	17.7
	rxy	0.8430	0.5148	0.8592	0.7546	0.3380
Eq. (1)	k1/(min-1)	16.6	16.6	1.6.10–2	1.2.10–2	16.6
	rxy	0.4851	0.1561	0.9119	0.7572	0.9995
Eq. (2)	k2/(µg-1-L-min-1)	1.7 x 10–4	7.8 x 10–5	5.3 x 10–5	1.5 x 10–5	8.8 x 10–3
	rxy	0.8979	0.9965	0.9048	0.7383	0.9999

Tab. 5.1.3 Stałe kinetyczne i wartości współczynnika korelacji dla ozonowania wzorcowych ścieków podczas 60 min (T = 17°C)

Model	Parametr wzorcowy/ koeficient korelacji	Części składowe wzorcowych ścieków				
		HCBD	PeCB	HCB	LIN	Heptachlor
Eq. (0)	k0/(µg-L-1-min-1)	15.0	17.9	6.1	16.9	47.5
	rxy	0.2798	0.5169	0.9573	0.5113	0.3206
Eq. (1)	k1/(min-1)	16.6	16.6	16.6	2.1.10–2	16.6
	rxy	0.6509	0.1913	0.2632	0.7751	0.9992
Eq. (2)	k2/(µg-1-L-min-1)	2.6 x 10–4	1.2 x 10–4	2.6 x 10–4	2.6 x 10–5	2.5 x 10–3
	rxy	0.9926	0.9841	0.9543	0.8832	0.9999

W ciągu 60 min. ozonowania wybranych specyficznych substancji syntetycznych w wodzie w trzech różnych temperaturach monitorowano stężenie ozonu. W najniższej temperaturze 8,7°C najwyższe stężenie ozonu wynosiło 21,1 mg-L-1, w temperaturze 14°C mierzone stężenie równowagi było nieco niższe niż w 8,7°C i wynosiło 18,9 mg-L-1. W najwyższej temperaturze 17°C osiągnięto w wodzie modelowej stężenie równowagi 13,7 mg-L-1.

Najwyższa efektywność wykorzystania ozonu osiągnięta podczas procesu ozonowania wynosiła 16.4% przy 17°C, a najniższa 11.8% została osiągnięta przy 60 min. ozonowania w 14°C.

Celem tej serii eksperymentów było również zbadanie kinetyki usuwania wzorcowych składników wody podczas 60 min. ozonowania. Rys. 5.3 (po lewej) przedstawia przebieg stężenia heksachlorobutadienu (HCBD) we wszystkich trzech badanych temperaturach z wykorzystaniem reaktora ozonowania z recyrkulacją. Początkowe stężenie HCBD w temperaturze 8,7°C wynosiło 460,6 µg-L-1, a po 60 minutach ozonowania spadło do 53,4 µg-L-1 i degradacja HCBD osiągnęła 88,4% sprawności.

W kolejnej badanej temperaturze 14°C stężenie HCBD spadło z 357,5 µg-L-1 do 29,6 µg-L-1, a skuteczność usuwania wynosiła 91,7%, czyli była o 1,07 wyższa niż w 8,7°C. W najwyższej temperaturze 14°C stężenie zmniejszyło się z 701,3 µg-L-1 do 36,3 µg-L-1, a wydajność usuwania wynosiła 94,8%, co również jest najwyższą osiągniętą wydajnością (rys. 5.10 po prawej). Model kinetyczny drugiego rzędu (tabele 5.1.1 - 5.1.3) najlepiej opisuje kinetykę usuwania HCBD podczas ozonowania we wszystkich stosowanych temperaturach.

W przypadku PeCB spadek stężenia we wszystkich trzech temperaturach był prawie taki sam. W najniższej temperaturze stężenie PeCB spadło z 1002,3 µg-L-1 do 233,9 µg-L-1, a więc skuteczność usuwania wynosiła 76,7%. W temperaturze 14°C stężenie PeCB spadło z 1119,0 µg-L-1 do 176,4 µg-L-1.

Kinetyka drugiego rzędu najlepiej opisuje szybkość usuwania PeCB podczas procesu ozonowania we wszystkich trzech temperaturach. Parametry kinetyczne i współczynniki korelacji dla procesu ozonowania w różnych temperaturach przedstawiono w Tab. 5.1.1 (T = 8.7°C); 5.1.2 (T = 14°C) i w Tab. 5.1.3 (T = 17°C). Zmierzone wartości wskazują, że w ciągu 60 min. od ozonowania najwyższą skuteczność usuwania PeCB osiągnięto w temperaturze 17°C.

Kolejnym badanym składnikiem w wodzie modelowej był heksachlorobenzen (HCB). Początkowe stężenie HCB wynosiło 704,7 µg-L-1 i po 60 minutach ozonowania w najniższej temperaturze spadło do 198,3 µg-L-1. W temperaturze 14°C spadek stężenia HCB wynosił od 408,6 µg-L-1 do 168 µg-L-1. W temperaturze 17°C początkowe stężenie spadło z 350,7 µg-L-1 do 92,2 µg-L-1. Przebiegi stężeń i efektywność usuwania HCB w różnych temperaturach przez 60 min. procesu ozonowania przedstawiono na rys. 5.12. Z zmierzonych wartości wynika, że po 60 minutach ozonowania najwyższą wydajność usuwania 73,7% osiągnięto w temperaturze 17°C), 71,9% wydajność osiągnięto w 8,7°C, a najniższą wydajność usuwania 58,9% w 14°C. Z wartości parametrów kinetycznych i współczynników korelacji podanych w Tab. 5.1.1 - 5.1.3, jest oczywiste, że usuwanie HCB podczas procesu ozonowania najlepiej opisywał model kinetyczny drugiego rzędu. Wyniki wskazują, że najwyższą wydajność usuwania HCB osiągnięto w temperaturze 14°C, natomiast najwyższą ogólną wydajność usuwania mierzono w temperaturze 17°C.

Zależność stężeń lindanu (LIN) w czasie procesu ozonowania w reaktorze ozonowania z recyrkulacją oraz efektywność usuwania w trzech różnych temperaturach przedstawiono na rys. 4. We wszystkich trzech przypadkach stężenie LIN powoli spadało, jak pokazano na rys. 5.13 po lewej stronie. W najniższej temperaturze (8,7°C), początkowe stężenie 1405,8 μg-L-1 spadło do 650,0 μg-L-1 ze skutecznością usuwania 53,8%. W temperaturze 14°C stężenie spadło z 1028,7 μg-L-1 do 488,1 μg-L-1 przy skuteczności usuwania 52,6%. W najwyższej temperaturze 17°C uzyskano spadek stężenia z 1309,0 μg-L-1 do 514,5 μg-L-1 przy skuteczności usuwania 60,7%.

Z obliczonych wartości współczynnika korelacji (tabela 5.1.1 - tabela 5.1.3) wynika, że model kinetyczny drugiego rzędu najlepiej pasuje do kinetyki usuwania LIN. Wyniki pokazują, że podczas ozonowania w trzech różnych temperaturach najwyższą prędkość osiągnięto przy 14°C, a najwyższą wydajność usuwania przy 17°C.

Heptachlor był ostatnią badaną substancją. Rys. 5.1.5 przedstawia przebieg stężenia oraz skuteczność usuwania heptachloru podczas 60-minutowego ozonowania w różnych temperaturach. Substancja ta została prawie całkowicie usunięta po pierwszych 10 minutach ozonowania: wydajność usuwania osiągnęła 97%, a po 60 minutach wydajność usuwania 99% została osiągnięta we wszystkich trzech temperaturach.

Na podstawie wartości współczynnika korelacji podanych w Tab. 5.1.1 - Tab. 5.1.3 Jest oczywiste, że usunięcie heptachloru podczas ozonowania we wszystkich trzech badanych temperaturach najlepiej opisywał model kinetyczny drugiego rzędu.

Wyniki wskazują, że skuteczność usuwania heptachloru podczas procesu ozonowania była już wystarczająco wysoka po 10 minutach. Na podstawie wyników można stwierdzić, że czas reakcji wynoszący 60 minut nie jest konieczny do usunięcia tej substancji, a 15 minut wystarczyłoby do prawie całkowitego usunięcia heptachloru z wody wzorcowej.

5.1.2 Wpływ rozbiórki przetworzonych zanieczyszczeń

Badano również wpływ gazowego paskowania badanych pestycydów chloroorganicznych w warunkach ozonowania i prób O3/UV.

Lotność związków związana jest z wielkością cząsteczek i ciśnieniem pary (Bedient, 1994). Generalnie, im większa masa cząsteczkowa, tym mniejsza rozpuszczalność w wodzie. Rozpuszczalność w wodzie zmniejsza się wraz ze wzrostem hydrofobowości, tj. wraz ze wzrostem współczynnika podziału oktanol-woda związków (Srijata; Pranab, 2011). Stężenie związku w fazie wodnej jest niskie, gdy wartość stałej Henryka jest wysoka (Matějů, 2006).

Porównanie profili stężeń HCBD, HCB, PeCB, LIN i heptachloru, mierzonych tylko podczas oczyszczania ścieków modelowych z osadów ściekowych i ozonowania przedstawiono odpowiednio na rys. 5.1.6 do 5.1.10. Eksperymenty z usuwaniem ozonu były zawsze przeprowadzane w tych samych warunkach operacyjnych, tylko bez wytwarzania ozonu (Valičková, 2014).

Największy udział w całkowitym usuwaniu składnika podczas ozonowania lub procesu obróbki O3/UV ma HCBD (k = 0,057 h-1) i heptachlor (k = 0,052 h-1). Obserwacja ta dość dobrze koreluje z właściwościami fizycznymi (tabela 2.10), zwłaszcza z ciśnieniem pary dla HCBD i stałej Henry'ego, a także z temperaturą wrzenia dla heptachloru w porównaniu z innymi składnikami ścieków modelowych (Derco i in., 2019).

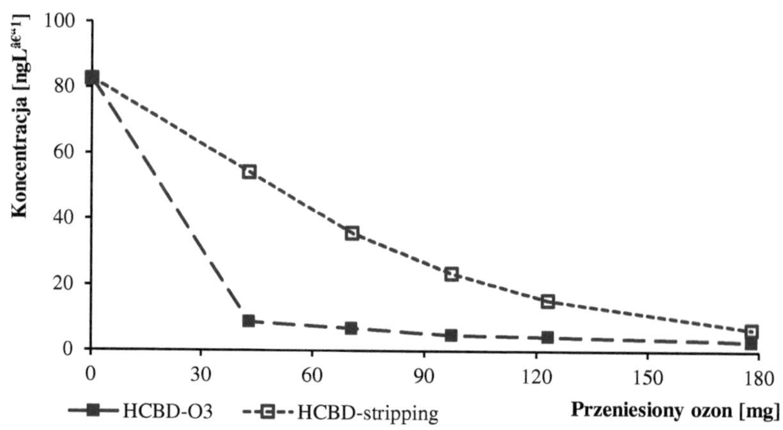

Rys. 5.1.6 Profile stężeń HCBD przy usuwaniu i ozonowaniu wzorcowych ścieków.

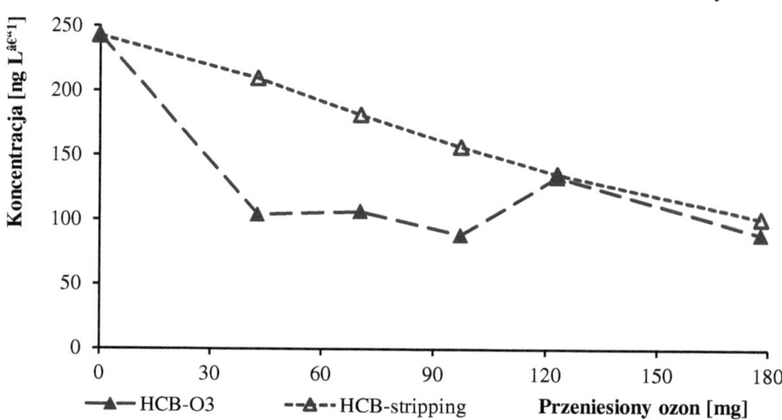

Rys. 5.1.7 Profile stężeń HCB przy usuwaniu i ozonowaniu wzorcowych ścieków.

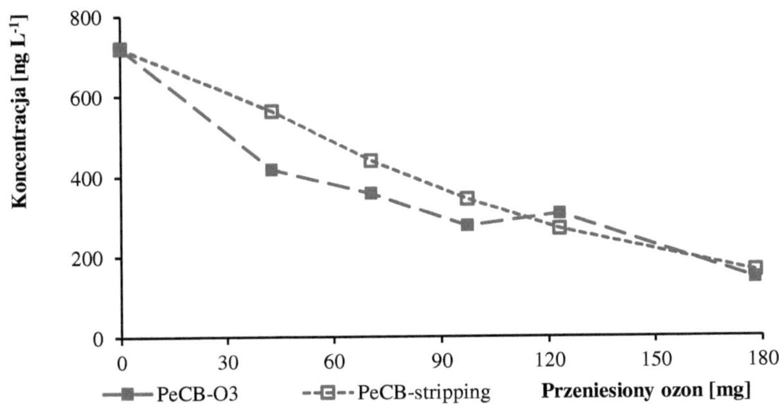

Rys. 5.1.8 Profile stężenia PeCB przy usuwaniu i ozonowaniu wzorcowych ścieków.

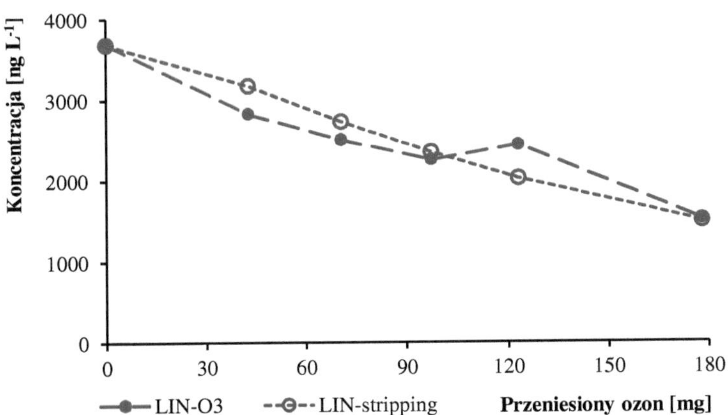

Rys. 5.1.9 Profile stężeń LIN przy usuwaniu i ozonowaniu wzorcowych ścieków.

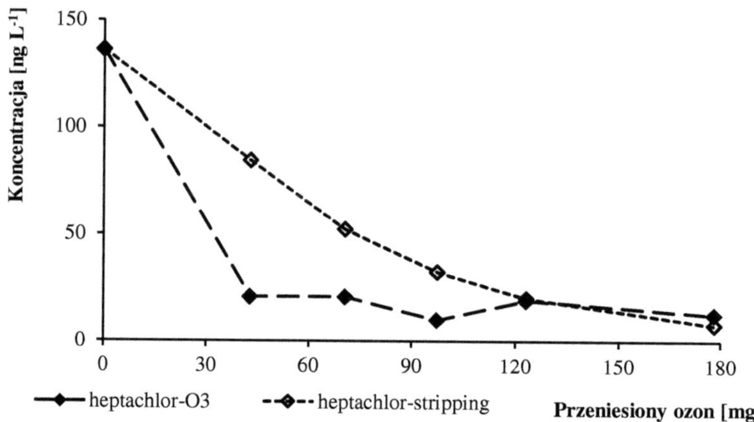

Rys. 5.1.10 Profile stężenia heptachloru przy usuwaniu i ozonowaniu wzorcowych ścieków.

Efektywność usuwania badanych pestycydów przed i po odjęciu wpływu usuwania nadmiaru znajduje się w tabelach 5.1.4 i 5.1.5.

Tabela 5.1.4 Skuteczność usuwania pestycydów poprzez utlenianie ozonem z usuwaniem osadu

t [min]	heptachlor [%]	HCB [%]	HCBD [%]	LIN [%]	PeCB [%]
10	84.9	57.1	89.5	23.3	42.1
30	92.8	63.5	94.2	38.8	61.8
60	90.9	63.2	96.4	58.8	79.7

Tabela 5.1.5 Skuteczność usuwania pestycydów poprzez utlenianie ozonem bez usuwania osadu

t [min]	heptachlor [%]	HCB [%]	HCBD [%]	LIN [%]	PeCB [%]
10	46.7	43.5	55.2	9.4	20.2
30	78.2	53.4	79.4	28.5	48.4
60	81.9	49.1	85.8	44.6	65.4

Najwyższe współczynniki usuwania obserwowano w ciągu pierwszych 10 minut ozonowania dla wszystkich badanych zanieczyszczeń. Występują jednak znaczne zmiany w poziomie usuwania poszczególnych składników ścieków, szczególnie w przypadku LIN i PeCB, przy czym spadek ten wynosi około 50% w porównaniu z nadmiarowymi poziomami usuwania. Z drugiej strony, zaobserwowano znaczny wzrost szybkości usuwania PeCB (72,1 ng-L-1-min-1) i heptachloru (72,1 ng-L-1-min-1) w wyniku reakcji ozonowania tylko w porównaniu do szybkości usuwania nadmiaru.

Efektywny czas ozonowania wynosi 30 minut w odniesieniu do skuteczności leczenia, ponieważ zaobserwowano jedynie niewielkie zwiększenie skuteczności przy dodatkowym wydłużeniu czasu ozonowania.

5.2 Ozonowanie połączone z promieniowaniem UV

Usuwanie badanych pestycydów w połączeniu z ozonowaniem z czasem działania promieniowania UV (O3/UV) przedstawiono na rys. 5.2.1. Oczywiste jest, że wskaźniki usuwania substancji organicznych z O3/UV są znacznie wyższe w porównaniu do wskaźników usuwania z samym ozonem (rys. 5.1.1 do 5.1.5).

Najlepsze dopasowanie danych eksperymentalnych uzyskano za pomocą drugiego modelu kinetycznego. Stałe wartości wskaźnika i wartości współczynnika korelacji rXY odpowiadające wynikom pomiarów pestycydów chloroorganicznych za pomocą tego modelu są podane w tabeli 5.2.1 (Derco i in., 2012a; Valičková 2012b).

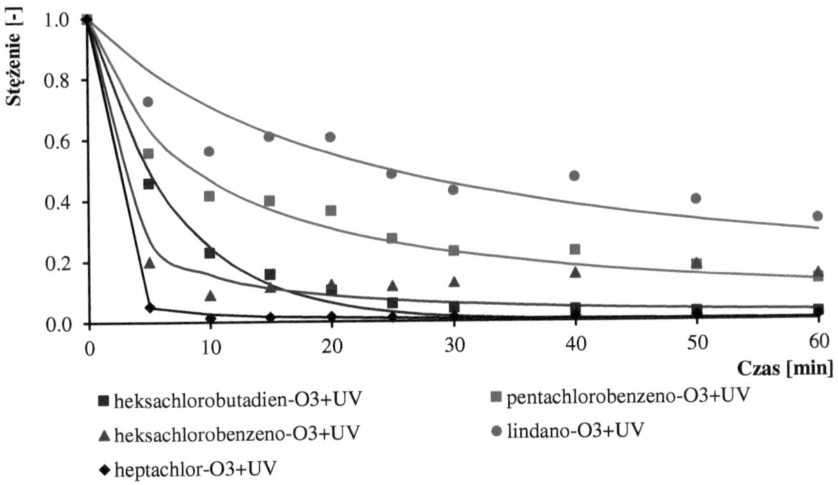

Rysunek 5.2.1 Usuwanie pestycydów (wartości bezwymiarowe) przy obróbce O3/UV modelu Ścieki.

Wyniki pokazują, że największe ilości usuwanego materiału zostały zaobserwowane w ciągu pierwszych 5 minut ozonowania dla wszystkich badanych zanieczyszczeń. Najwyższą wydajność usuwania (74,5%) osiągnięto w przypadku HCBD. Najniższą skuteczność usuwania (30%) uzyskano dla heptachloru w tym czasie reakcji. Efektywność usuwania zanieczyszczeń chlorowanych zwiększała się wraz ze wzrostem czasu reakcji, z wyjątkiem heptachloru. Wydajność usuwania HCBD osiągnęła 87% po 20 minutach procesu. Drugą najwyższą skuteczność usuwania (73,4%) zaobserwowano w przypadku PeCB. HCBD osiągnął najwyższą wydajność usuwania (90,7%) również po 60 minutach ozonowania. W przypadku PeCB, LIN i HCB zaobserwowano efektywność końcowego usuwania odpowiednio 85,2%, 80,7% i 70,2%. Do opisu eksperymentów i oszacowania najlepszych wartości nieznanych parametrów wykorzystano modele kinetyczne prawa pojedynczej mocy.

Najwyższą skuteczność usuwania 1,1 x 10-2 g-m-3-h-1 uzyskano dla heptachloru traktowanego przez O3. Bardzo bliska była wartość wskaźnika usuwania heptachloru (1,7 x 10-2 g-m-3-h-1) obserwowana podczas leczenia O3/UV. Wyższa wartość wskaźnika usuwania przez O3 w porównaniu do leczenia O3/UV jest charakterystyczna również dla LIN. Z drugiej strony, wyższe wskaźniki usuwania HCB, HCBD i LIN uzyskano stosując leczenie O3/UV. Najniższy wskaźnik usuwania (5,3 x 10-6g-m-3-h-1) został zmierzony dla LIN przy zastosowaniu leczenia O3 (Derco i in., 2013).

Tabela 5.2.1 Parametry kinetyczne i wartości współczynnika korelacji.

Zanieczyszczenia	Proces	k_2/(g-m-3-h-1)	rXY
Heptachlor	O3	1.72 x 10–3	0.9022
	O3 / UV	1.10 x 10–2	0.9995
Heksachlorobutadien	O3	6.09 x 10–3	0.9924
	O3 / UV	7.66 x 10–4	0.9821
Lindane	O3	5.43 x 10-6	0.9031
	O3 / UV	1.75 x 10–5	0.8532
Pentachlorobenzen	O3	7.59 x 10–5	0.9517
	O3 / UV	1.00 x 10–4	0.9716
Hexachlorbenzen	O3	2.27 x 10–4	0.1782
	O3 / UV	7.07 x 10–4	0.9043

5.3 Porównanie ozonowania i procesu O3/UV

5.3.1 Modelowe ścieki

Z porównania rys. 2 i 3 wynika, że wskaźniki spadku zawartości substancji organicznych z O3/UV są znacznie wyższe niż w przypadku prostego procesu ozonowania.

Porównanie usuwania HCHBD i HCHB przy użyciu O3 tylko do utleniania i oczyszczania O3/UV modelowych ścieków przedstawiono odpowiednio na rys. 4a i 4b. Podobnie konfrontacja z PCHB, LIN i HCH zmniejsza zastosowanie O3 tylko do utleniania i oczyszczania O3/UV modelowych ścieków przedstawiona jest odpowiednio na rysunkach 4c do 4e.

Na podstawie tych danych można stwierdzić, że przy oczyszczaniu O3/UV mierzono wyższe wskaźniki usuwania dla wszystkich badanych zanieczyszczeń.

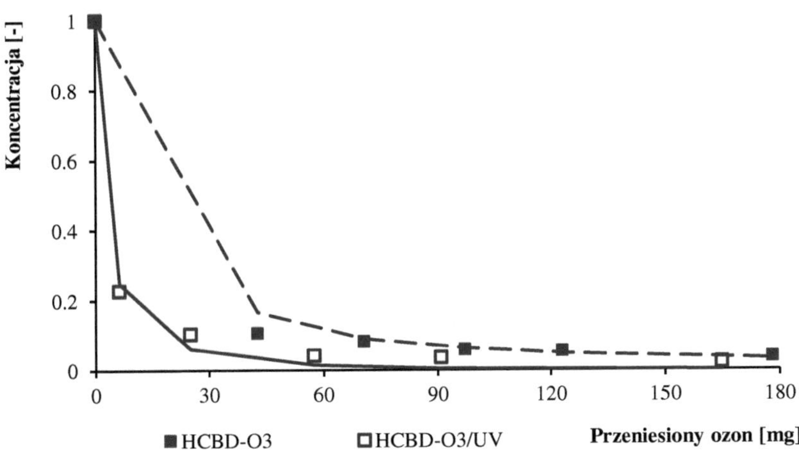

Rys. 5.3.1 Ewolucja HCBD (bezwymiarowe stężenie) z przenoszonym ozonem podczas O3(■) i O3/UV (□) oczyszczania ścieków modelowych

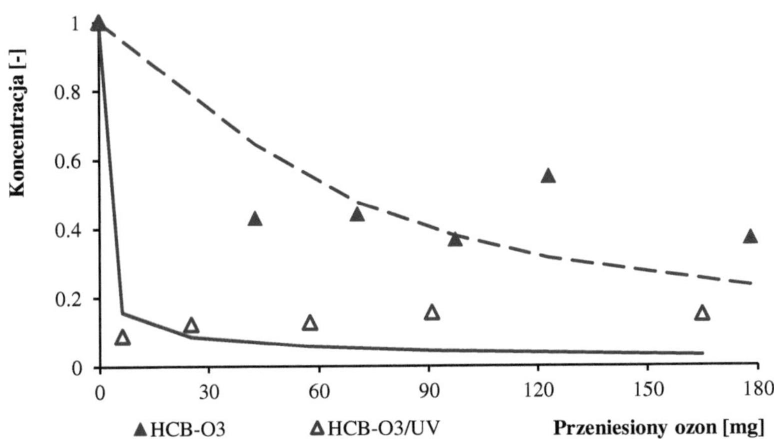

Rys. 5.3.2 Ewolucja HCB (bezwymiarowe stężenie) z przenoszonym ozonem podczas oczyszczania ścieków modelowych O3(▲) i O3/UV (Δ)

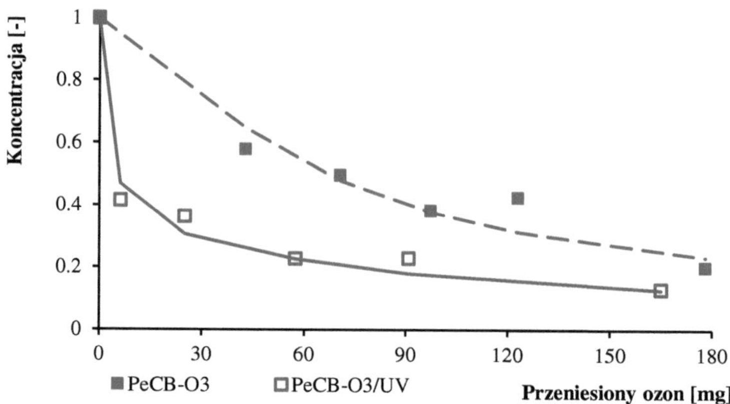

Rys. 5.3.3 Ewolucja PeCB (bezwymiarowe stężenie) z przenoszonym ozonem podczas O3(■) i O3/UV (□) oczyszczania ścieków modelowych

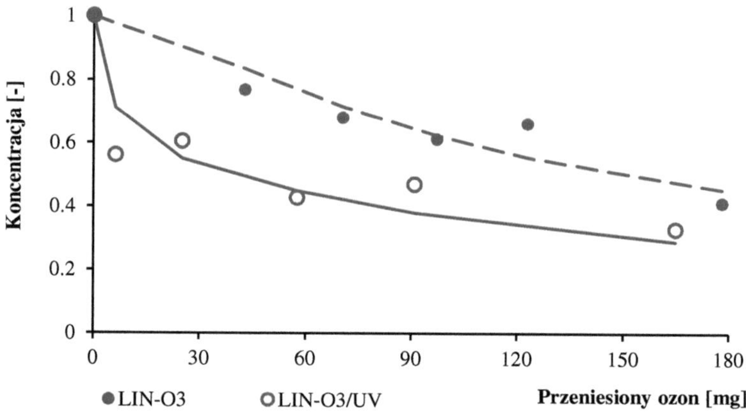

Rys. 5.3.4 Ewolucja LIN (bezwymiarowe stężenie) z przenoszonym ozonem podczas oczyszczania ścieków modelowych O3 i O3/UV.

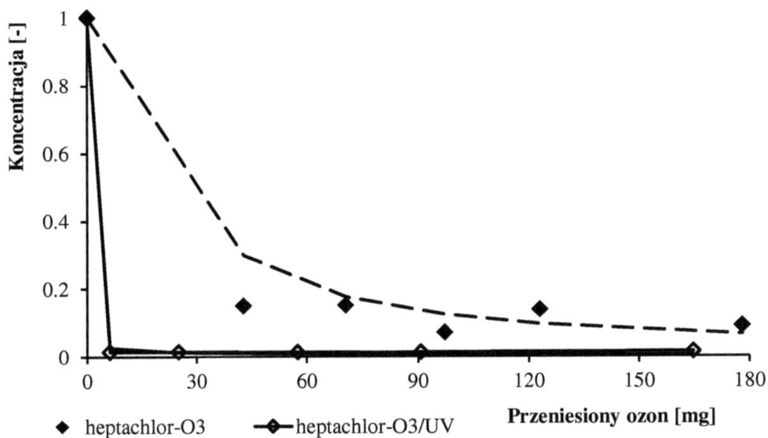

Rys. 5.3.5 Ewolucja heptachloru (bezwymiarowe stężenie) z przenoszonym ozonem podczas oczyszczania ścieków modelowych O3 i O3/UV.

Spadek wartości pH z 8,7 do 5,9 zaobserwowano podczas leczenia O3/UV, natomiast tylko podczas stosowania ozonu z 8,8 do 7,1 (ryc. 16). Spowodowane to było większą produkcją produktów o niskim pH podczas obróbki O3/UV.

Znacznie wyższe wskaźniki usuwania i skuteczności leczenia zaobserwowano przy stosowaniu procesu leczenia O3/UV w porównaniu z samym procesem ozonowania (Derco i in., 2012b).

5.3.2 Prawdziwe ścieki

W tym rozdziale przedstawiono wyniki doświadczeń przeprowadzonych z rzeczywistymi ściekami zawierającymi badane specyficzne substancje syntetyczne. Do usuwania tych substancji zastosowano kombinowany proces O3/UV. Podobnie jak inne zaawansowane procesy utleniania (AOP), proces ten wykorzystuje rozkład ozonu do rodników hydroksylowych (HO-). Te radyki reagują szybko i nieselektywnie z prawie wszystkimi zanieczyszczeniami organicznymi (Valičková, 2014). Procesem referencyjnym był proces ozonowania.

Początkowe stężenie poszczególnych składników w rzeczywistych ściekach było następujące: HCBD = 1478,5 µg-L-1; PeCB = 1003,6 µg-L-1, HCB = 664,7 µg-L-1, LIN = 933,0 µg-L-1 i heptachlor = 1340,0 µg-L-1.

W ciągu początkowych 10 minut połączonego procesu O3/UV najwyższą szybkość usuwania uzyskano dla trzech składników, mianowicie heptachloru (92,5 µg-L-1-min-1), HCBD (90,1 µg-L-1-min-1) i PeCB (41,3 µg-L-1-min-1). Najniższe wskaźniki usuwania zaobserwowano dla LIN (30,3 µg-L-1-min-1) i HCB (22,2 µg-L-1-min-1).

W tym samym czasie reakcji najwyższą skuteczność usuwania zaobserwowano dla heptachloru (69,1%), HCBD (60,9%) i PeCB (41,1%) w ściekach rzeczywistych. W zakładce podsumowano wartości wydajności usuwania poszczególnych pestycydów osiągnięte w procesie łączonym O3/UV. 5.1.6.

Tab. 5.1.6 Efektywność usuwania poszczególnych pestycydów osiągnięta w procesie łączonym O3/UV w ściekach rzeczywistych.

t [min]	HCBD	PeCB	HCB	LIN	heptachlor
			[%]		
10	60.9	41.1	33.3	32.4	69.1
30	94.5	72.3	44.0	47.4	99.0
60	98.7	84.4	73.7	96.4	99.7

Skuteczny czas reakcji dla procesu O3/UV wynosił 30 minut. Przy dalszym wydłużaniu czasu reakcji zaobserwowano jedynie stosunkowo niewielki wzrost skuteczności usuwania. Podczas 30-minutowego czasu reakcji najwyższą skuteczność usuwania zaobserwowano dla heptachloru (99,0%), HCBD (94,5%) i PeCB (72,3%). Najniższą efektywność odnotowano dla usuwania HCB (44,0%) z rzeczywistych ścieków. Wartości eksperymentalne najlepiej opisuje model kinetyczny drugiego rzędu. Wartości stałej kinetycznej i współczynnika korelacji są podsumowane w zakładce. 5.1.7.

Tab. 5.1.7 Stałe kinetyczne i wartości współczynnika korelacji dla poszczególnych pestycydów podczas procesu łączonego O3/UV.

Modelowe komponenty wodne	k2/(μg-1-L-min-1)	r_{XY}
HCBD	1.5 x 10−4	0.9758
PeCB	7.9 x 10−5	0.9957
HCB	5.1 x 10−5	0.9110
LIN	5.0 x 10−5	0.8725
heptachlor	2.6 x 10−4	0.9749

Porównując proces ozonowania i łączony proces O3/UV można podsumować, że podczas pierwszych 10 minut procesu ozonowania 67,0% HCBD zostało usunięte, przy łączonym procesie O3/UV 60,9% HCBD zostało usunięte z rzeczywistych ścieków.

W czasie początkowych 30 minut procesu ozonowania usunięto 90,0% HCBD, a w łączonym procesie O3/UV 94,5% HCBD usunięto z rzeczywistych ścieków w tym samym czasie.

Wraz ze wzrostem czasu reakcji zarówno ozonowania, jak i połączonych procesów O3/UV, wydajność usuwania nie zmieniła się znacząco. Podsumowując, w przypadku procesu O3/UV wydajność usuwania ozonu nie była znacząco wyższa w porównaniu z procesem ozonowania.

Podobnie jak w przypadku komponentu HCBD, wydajność procesu usuwania O3/UV dla PeCB nie była znacząco wyższa w porównaniu z procesem ozonowania. Wydajność usuwania PeCB po 30 min. połączonego procesu O3/UV była wyższa (72,3%) od wydajności procesu ozonowania (64,9%). Efektywność usuwania nie zmieniła się znacząco wraz z wydłużeniem czasu reakcji.

W ciągu 30 min. połączonego procesu O3/UV usunięto 44,0% HCB, w procesie ozonowania 22,9% HCB. Usuwanie HCB było również badane przez Xue et al. (2008). W artykule Xue stwierdził, że łączony proces O3/UV jest bardziej odpowiedni do usuwania HCB w porównaniu z procesem ozonowania. Po 40 minutach procesu kombinowanegoO3/UV osiągnięto 50% sprawności usuwania HCB z rzeczywistych ścieków. Po 60 minutach procesu ozonowania osiągnięto 43,4% skuteczności usuwania HCB, przy tym samym czasie reakcji, skuteczność usuwania HCB 73,7% w procesie O3/UV.

W przypadku usuwania lindanu (LIN) skuteczność usuwania 27,7% zaobserwowano podczas początkowego 10-minutowego procesu ozonowania, natomiast w przypadku łączonego procesu O3/UV 32,4% skuteczności usuwania LIN z rzeczywistych ścieków. Po 60 min połączonego procesu O3/UV wydajność usuwania była istotnie wyższa (96,4%) w porównaniu z procesem ozonowania (60,1%).

Innym badanym składnikiem rzeczywistych ścieków był heptachlor. W przypadku heptachloru zaobserwowano znaczny spadek stężenia początkowego, podczas początkowych 10 min reakcji dla obu procesów. Podczas 10 min. ozonowania zaobserwowano 70,7% skuteczności usuwania LIN, podczas początkowych 10 min. procesu O3/UV 69,1% skuteczności usuwania LIN. Po 30 minutach reakcji 99,7% LIN zostało usunięte z rzeczywistych ścieków przy zastosowaniu zarówno procesów łączonych O3/UV jak i ozonowania. W tym czasie lindan został prawie całkowicie usunięty w obu przypadkach.

Można stwierdzić, że dla wszystkich składników (HCBD, HCB, PeCB, LIN i heptachlor) ścieków rzeczywistych proces ozonowania można najlepiej opisać za pomocą modelu kinetycznego drugiego rzędu. Wartości stałej kinetycznej i współczynnika korelacji są podsumowane w zakładce v. 5.1.8.

Tab.5.1.8 Wartości stałych kinetycznych i współczynników korelacji dla poszczególnych pestycydów podczas ozonowania ścieków rzeczywistych.

Modelowe komponenty wodne	**k2/(ng-1-L-min-1)**	**rXY**
HCBD	1.5 x 10−4	0.9792
PeCB	5.9 x 10−5	0.9920
HCB	1.6 x 10−5	0.9253
LIN	3.8 x 10−5	0.9549
heptachlor	2.8 x 10−4	0.9789

Uzyskane wyniki sugerują, że w porównaniu z procesem ozonowania, nie osiągnięto znacząco wyższych wskaźników usuwania przy użyciu procesu łączonego O3/UV. Można założyć, że jest to spowodowane wyższym zużyciem rodników HO do usuwania innych składników rzeczywistych ścieków.

5.4 Adsorpcyjna ozonacja

Jedną z możliwości osiągnięcia większej skuteczności usuwania specyficznych substancji syntetycznych ze ścieków odprowadzanych do wód przyjmujących jest połączenie procesów fizycznych i chemicznych, np. zastosowanie ozonowania adsorpcyjnego. W tym przypadku następuje adsorpcja zanieczyszczeń i substancji reagujących na adsorbencie, a w konsekwencji ich szybsze reakcje. Eksperymenty z adsorpcyjną ozonacją zostały przeprowadzone w reaktorze ze szkłem mieszanym (Rysunek 4.2) (Valičková 2013a).

Ponieważ przygotowanie próbek o tej samej początkowej koncentracji poszczególnych składników było problematyczne, chcieliśmy również wziąć pod uwagę masę użytego materiału adsorpcyjnego. Wyniki tej serii doświadczeń zostały ocenione na podstawie konkretnych szybkości usuwania badanych substancji z modelowych ścieków. Stawki te oparte są na masie jednostkowej użytych materiałów adsorbcyjnych (GAC; ZEO).

Z porównania procesów O3/GAC i O3/ZEO wynika, że przez 0,5 godz. wartości jednostkowego tempa usuwania poszczególnych składników w procesie O3/GAC były około 7,7-8,8 razy większe niż w przypadku ozonowania adsorpcyjnego zeolitu, czyli procesu O3/ZEO. Wartości współczynników usuwania specyficznych po 3 h były prawie 5 razy mniejsze niż 0,5 h procesu. Wynika to z dłuższego czasu reakcji i znacznie mniejszych ilości poszczególnych substancji usuwanych w okresie dłuższym niż 30 minut. Na podstawie tych wyników można uznać, że efektywny czas reakcji wynosi 30 minut.

W tabeli 5.4.1 przedstawiono konkretne ilości pestycydów usuniętych z wody na 0,5 godziny i 3 godziny dla poszczególnych składników. Wyniki pokazują, że ozonowanie adsorpcyjne O3/GAC jest bardziej efektywnym procesem usuwania zanieczyszczeń wody. W procesie tym mierzono najwyższe jednostkowe szybkości eliminacji przez 0,5 godziny dla komponentów heptachloru, HCB i PeCB. Najniższy wskaźnik usuwania zaobserwowano dla składnika HCBD (tabela 5.4.1) (Valičková 2013b).

Tabela 5.4.1 Szczegółowe wskaźniki usuwania pestycydów z wody

Procesy / Substancja	Stawki specyficzne/ng-g-1-h-1					
	Czas [h]	**HCBD**	**PeCB**	**HCB**	**LIN**	**heptachlor**
Adsorpcja_ZEO	0.5	72.8	318.8	487.4	163.6	920.3
	1.0	60.3	274.3	483.5	0	891.9
	3.0	75.3	272.8	493.4	2.3	885.8
Adsorpcja _Adsorpcja aktywowana Osuszenie	0.5	27.8	135.9	167.3	119.0	323.1
	1.0	27.7	134.3	167.2	107.5	322.7
	3.0	27.4	132.7	166.6	111.3	322.2
Adsorpcja _GAC	0.5	395.5	944.1	694.6	2242.3	1714.7
	1.0	382.3	596.4	0	1943.4	0
	3.0	525.4	2046.2	2021.3	3569.8	4698.1
O3/GAC	0.5	783.0	3059.7	4229.2	0	7419.1
	3.0	800.2	3685.1	4401.0	2397.8	7594.5
O3/ZEO	0.5	82.8	384.0	480.9	0	961.1
	3.0	86.4	430.1	509.2	87.1	993.5

Porównanie procesów adsorpcji GAC i ozonowania adsorpcji O3/GAC wykazało, że dla większości badanych substancji najwyższe wartości szybkości właściwej O3/GAC mierzono przez 0,5 godziny z wyjątkiem LIN. Z drugiej strony, w przypadku LIN najwyższe tempo usuwania adsorpcji specyficznej zaobserwowano przy stosowaniu GAC. Najwyższą specyficzną szybkość usuwania zaobserwowano w ciągu 0,5 godziny procesu O3/GAC dla składników heptachloru i HCB. Najniższy wskaźnik usuwania zaobserwowano w przypadku HCBD. Obliczone wartości konkretnych poziomów usuwania dla poszczególnych substancji są podsumowane w Tab. 5.4.1 (Valičková, 2013c).

Na podstawie tych wyników można stwierdzić, że przez 0,5 godz. czasu reakcji przy zastosowaniu wybranych procesów, podczas procesu O3/ZEO, z wyjątkiem LIN, zaobserwowano wyższą szybkość właściwą dla wybranych specyficznych substancji syntetycznych HCBD, PeCB, HCB i heptachloru. Najwyższy specyficzny stopień usuwania tej substancji zaobserwowano przy zastosowaniu procesu adsorpcji ZEO. W procesie adsorpcji na ozonowaniu adsorpcyjnym ZEO i O3/ZEO proces O3/ZEO jest bardziej efektywny w usuwaniu zanieczyszczeń z wody (Derco i in., 2018).

W porównaniu z procesami ozonowania i usuwania ozonu przez 0,5 godziny zaobserwowano większe szybkości usuwania dla wszystkich wybranych specyficznych substancji syntetycznych podczas procesu ozonowania. W przeciwieństwie do kolumnowych reaktorów ozonowych, proces usuwania zanieczyszczeń z wody modelowej miał jedynie znikomy udział w całkowitym usuwaniu zanieczyszczeń.

Szybkość usuwania poszczególnych zanieczyszczeń podczas procesu ozonowania i usuwania warstwy ozonowej bez użycia materiałów adsorbujących przedstawiona jest w tabeli 5.4.2.

Tabela 5.4.2 Wolumetryczne wskaźniki usuwania badanych pestycydów.

		Objętościowe wskaźniki usuwania/ng-L-1-h-1				
Procesy / Substancja	**czas [h]**	**HCBD**	**PeCB**	**HCB**	**LIN**	**heptachlor**
O3	0.5	357.4	1495.2	1936	64.5	3383.6
	3.0	57.8	260.2	313	1372.6	554.3
	0.5	171.8	36.6	21.6	-	-
Rozbiórka	1.0	102.7	39.0	39.8	9.7	63.8
	2.0	51.65	23.8	20.7	0.0	110.3

6 Wnioski

Praca ta ilustruje efektywność ozonowania i połączonego procesu ozonowania z promieniowaniem UV (O3/UV) w celu usunięcia wybranych pestycydów chloroorganicznych z wody i ścieków.

Z przedstawionych wyników wynika, że usuwanie substancji badanych podczas procesów ozonowania i oczyszczania O3/UV ma znaczący udział w ich usuwaniu. Największy udział w ogólnym usuwaniu substancji podczas ozonowania i procesu O3/UV odnotowano w przypadku HCBD i heptachloru.

Dla obu procesów, ozonowania i O3/UV oraz dla wszystkich badanych zanieczyszczeń, model kinetyczny drugiego rzędu zapewnił najlepsze dopasowanie do danych doświadczalnych, po wykluczeniu udziału usuwania pojedynczych związków.

Znacznie wyższe wskaźniki reakcji i skuteczności leczenia zaobserwowano podczas stosowania procesu leczenia O3/UV w porównaniu z samym procesem ozonowania.

Można stwierdzić, że ozonowanie jest obiecującą procedurą usuwania badanych zanieczyszczeń (z wyjątkiem heptachloru) ze środowiska wodnego. Konieczne są jednak dalsze doświadczenia w celu zwiększenia wydajności procesu i zbadania ewentualnego toksycznego wpływu półproduktów i produktów ozonowania na organizmy wodne.

Wyniki doświadczeń nad badaniem wpływu parametrów transferu ozonu pomiędzy gazem a wodą w dwóch reaktorach ozonowania, w kolumnie pęcherzykowej ozonowania oraz w reaktorze ozonowania z recyrkulacją zewnętrzną mieszaniny reakcyjnej / reaktorze ozonowania z pętlą odrzutową, pokazują, że transfer ozonu do wody jest bardziej efektywny w przypadku reaktora ozonowania z recyrkulacją zewnętrzną niż w kolumnie pęcherzykowej ozonowania.

Na podstawie przeprowadzonych doświadczeń określono najbardziej odpowiednie wartości parametrów procesu ozonowania w reaktorze recyrkulacyjnym, tj. moc generatora ozonu 50% maksymalnej mocy generatora, zewnętrzny przepływ recyrkulacyjny 150 l-h-1 i przepływ czystego tlenu 60 l-h-1. Utrzymując te wartości parametrów podczas procesu ozonowania zaobserwowano wysokie wartości ilości ozonu przenoszonego do wody, jak również wysoką skuteczność usuwania z wody specyficznych substancji syntetycznych.

Badania wpływu temperatury na proces ozonowania wykazały, że w niższej temperaturze (8,7°C) mierzono większe tempo usuwania wybranych substancji syntetycznych z wody, natomiast w wyższej temperaturze obserwowano większą skuteczność usuwania składników z wody.

Z wyników badań wynika, że skuteczność usuwania pestycydów chloroorganicznych z wody modelowej poprzez proces ozonowania wskazuje, że proces ten ma pozytywny wpływ na usuwanie pestycydów z wody modelowej. Uzyskane wyniki wskazują również na znaczący udział procesu strippingu w całkowitym usuwaniu badanych substancji podczas procesu ozonowania. Największy wkład stripingu w całkowite usunięcie badanych substancji w procesie ozonowania zaobserwowano w przypadku HCBD i heptachloru. W przypadku

HCBD (89,5%) osiągnięto maksymalną wydajność usuwania ozonu przez 10 minut łącznie z usuwaniem ozonu. Najniższą skuteczność usuwania (23,3%) w tym czasie reakcji zaobserwowano dla LIN. Efektywność usuwania chlorowanych zanieczyszczeń organicznych wzrasta wraz z czasem reakcji, z wyjątkiem heptachloru. W przypadku HCBD zaobserwowano najwyższą skuteczność eliminacji (96,4%) dla ozonowania 60 min, drugą najwyższą skuteczność eliminacji (90,9%) zaobserwowano dla heptachloru. W przypadku PeCB, HCB i LIN, ogólna efektywność usuwania została zaobserwowana na poziomie odpowiednio 79,9%, 63,2% i 58,8%. W pierwszych 10 minutach procesu ozonowania po wyłączeniu procesu usuwania warstwy ozonowej najwyższą skuteczność eliminacji (55,2%) zmierzono dla składnika HCBD w ściekach modelowych. Najniższą skuteczność usuwania (9,4%) zaobserwowano w przypadku LIN. Po 60 minutach procesu ozonowania osiągnięto najwyższą skuteczność eliminacji (85,8%) dla składnika HCBD. Drugą najwyższą skuteczność eliminacji (81,9%) zaobserwowano w przypadku heptachloru. W przypadku PeCB i HCB zaobserwowano ogólną efektywność usuwania, odpowiednio 65,4% i 49,1%. Najniższa wydajność usuwania (44,6%) została zmierzona dla składnika LIN w wodzie modelowej.

Do opisu przebiegu czasowego badanych procesów wykorzystano klasyczne modele kinetyki chemicznej. Najlepszą zgodność pomiędzy doświadczalnymi i obliczonymi wartościami stężeń badanych zanieczyszczeń, po wyłączeniu udziału procesu paskowania w usuwaniu poszczególnych składników, zaobserwowano dla modelu kinetycznego drugiego rzędu. Uzyskane wyniki wskazują, że najwyższy poziom usuwania wszystkich badanych składników w wodzie modelowej zaobserwowano w czasie od 5 do 10 min.

Ogólnie rzecz biorąc, wyniki tej pracy pokazują, że ozon jest obiecującym procesem usuwania badanych zanieczyszczeń ze środowiska wodnego. Potrzebne są jednak dalsze doświadczenia w celu zwiększenia wydajności procesu i zminimalizowania wpływu produktów pośrednich i produktów ozonowania na mikroorganizmy wodne.

Kolejnym celem pracy było zbadanie możliwości usuwania pestycydów chloroorganicznych w procesach kombinowanych z wykorzystaniem ozonu. Wyniki wskazują, że podczas procesu O3/UV (łącznie ze strippingiem) zaobserwowano efektywny czas 30 minut. Ilość przeniesionego ozonu w tym czasie wynosiła 57,5 mg-L-1. W ciągu 30 minut zmierzono najwyższą skuteczność eliminacji dla heptachloru (98,7%), HCBD (95,8%) i HCB (86,1%). Najniższą skuteczność usuwania (57,3%) zaobserwowano w przypadku LIN.

Po 60 minutach połączonego procesu O3/UV (łącznie ze strippingiem) zaobserwowano po skuteczności leczenia HCBD (97,9%), PeCB (86,9%) i HCB (85,2%) o najwyższej skuteczności usuwania heptachloru (98,6%). Najniższa wydajność usuwania (67,1%) została zmierzona dla LIN. Wraz z upływem czasu, wydajność procesu O3/UV nie wzrosła znacząco. Najlepszy opis danych doświadczalnych uzyskano w tym połączonym procesie dla wszystkich badanych pestycydów chloroorganicznych z modelem kinetycznym drugiego rzędu. Ze względu na większą skuteczność usuwania zanieczyszczeń w tym połączonym procesie, udział procesu usuwania izolacji był mniejszy niż podczas ozonowania.

Wyniki porównania procesów przemiany/rozkładu ozonowania i kombinowanego ozonowania z promieniowaniem UV pokazują, że kombinowany proces O3/UV jest bardziej efektywny w usuwaniu badanych syntetycznych substancji specyficznych.

Jako proces referencyjny badano adsorpcję na granulowanym węglu aktywowanym (GAC) i zeolitu (ZEO). Celem była ocena udziału procesu adsorpcji w połączonych procesach O3/GAC i O3/ZEO oraz ocena możliwości zastosowania tych materiałów adsorpcyjnych w alternatywnych procesach usuwania badanych syntetycznych substancji specyficznych.

Z porównania procesów O3/GAC i O3/ZEO wynika, że przez 0,5 h wartości jednostkowej szybkości usuwania poszczególnych składników w procesie O3 / GAC były około 7,7-8,8 razy większe niż w przypadku ozonowania adsorpcyjnego z wykorzystaniem zeolitu, czyli procesu O3/ZEO. Wyniki pokazują, że ozonowanie adsorpcyjne O3/GAC jest bardziej efektywnym procesem usuwania zanieczyszczeń chloroorganicznych. W tym procesie najwyższe wskaźniki usuwania przez 0,5 h zaobserwowano dla heptachloru, HCB i PeCB. Najniższy stopień usuwania został zmierzony dla substancji HCBD. Wyniki pokazują również, że w przypadku O3/GAC, z wyjątkiem LIN, wydajność połączonego procesu jest znacznie większa w porównaniu z adsorpcją na samym GAC. Powyższe wyniki wskazują na znaczną selektywność procesów adsorpcji z wykorzystaniem GAC, odpowiednio ZEO, ale także przy zastosowaniu połączonych procesów ozonowania z tymi materiałami adsorpcyjnymi. Wiedza ta jest dość nietypowa w porównaniu z konwencjonalną charakterystyką procesów AOP o ich nieselektywnych reakcjach. Z praktycznego punktu widzenia interesująca jest różna selektywność GAC i ZEO, jak również selektywność połączonych procesów ozonowania z tymi materiałami adsorpcyjnymi, szczególnie w kierunku lindanu.

Biorąc pod uwagę ceny materiałów adsorpcyjnych dla hurtowników, to koszt materiałów adsorpcyjnych do wymaganego usuwania zawartych w nich zanieczyszczeń z 1,0 m3 wody jest stosunkowo wysoki, zwłaszcza w porównaniu z opublikowanymi kosztami usuwania około 200 mikrozanieczyszczeń z rzeczywistych ścieków komunalnych przez ozon.

Na podstawie analizy wyników prac i wcześniejszych doświadczeń w tej dziedzinie uważamy za konieczne dalsze badanie wykorzystania potencjału adsorpcji i katalitycznej ozonacji w zakresie usuwania syntetycznych substancji specyficznych i mikrozanieczyszczeń.

Większe szybkości reakcji ozonowania adsorpcyjnego/katalitycznego, a tym samym niższe koszty, zostały potwierdzone przez wyniki procesów prowadzonych w całkowicie zmieszanym reaktorze ozonowania. Jednakże badanie tych procesów może być bardziej efektywne, gdy będą one prowadzone w reaktorze ozonowania z zewnętrzną recyrkulacją mieszaniny reakcyjnej, w tym stałym adsorbentem/katalizatorem.

Podziękowanie

Prace te były wspierane przez Agencję Badań i Rozwoju w ramach umów nr. APVV-0656-12 i APVV-0339-18.

7 Referencje

AFFAM A.C., CHAUDHURI M. (2013) Degradacja pestycydów chlorpyrifos, cypermetryna i chlorotalonil w roztworze wodnym metodą fotokatalizy TiO2. *J. Environ. Zarządzanie.* 130: 160–165.

AGENCJA REJESTRU SUBSTANCJI TOKSYCZNYCH I CHORÓB (ATSDR) (1993) Profil toksykologiczny dla Heptachloru/ Epoksydu Heptachloru. U.S. *Public Health Service*, U.S. Department of Health and Human Services, Atlanta, GA.

AGENCJA REJESTRU SUBSTANCJI TOKSYCZNYCH I CHORÓB (ATSDR) (1994) Profil toksykologiczny dla heksachlorobutadienu. U.S. *Public Health Service*, U.S. Department of Health and Human Services, Atlanta, GA.

AGENCJA REJESTRU SUBSTANCJI TOKSYCZNYCH I CHORÓB (ATSDR) (1996) Profil toksykologiczny heksachlorobenzenu (aktualizacja). U.*S. Public Health Service*, U.S. Department of Health and Human Services, Atlanta, GA.

AKIMOTO Y., NITO S., INOUYE Y. (1997) Comparative study on formation of polychlorinated dibenzo-p-dioxins, polichlorinated dibenzofurans and related compounds in a fluidized bed solid waste incinerator using long term used sand and fresh sand. *Chemosfera* 34: 791–799.

AL MONANI F.A., SHAWAQFEH A.T., SHAWAQFEH A.S. (2007) Słoneczna oczyszczalnia ścieków do wodnych roztworów pestycydów. *Solar Energy81*(10): 1213-1218. doi: 10.1016/j.solener.2007.01.007. ISSN 0038092X

ANDREOZZI R., CAPRIO V., INSOLA A., MARTOTA R.(1999) Advanced oxidation processes (AOP) for water purification and recovery. *Katalizy dzisiaj* 53: 51-59. ISSN 0920-5861

BAILEY R.E. (2007) Pentachlorobenzen - Źródła, losy środowiskowe i charakterystyka ryzyka. *Science Dossier*. Odebrane 5 listopada 2012 r., z http://www.eurochlor.org/media/41280/sd11pentachlorobenzene.pdf.

BAILEY R.E., VAN WIJK D., THOMAS P.C. (2009) Źródła i rozpowszechnienie pentachlorobenzenu w środowisku. *Chemosfera* 75: 555–564.

BALDAUF G. (1993) Removal of Pesticides in Drinking Water. *Clean Soil Air Water* 21(4): 203-208. https://doi.org/10.1002/aheh.19930210403

BARBER J., SWEETMAN A., JONES K. (2005) Hexachlorobenzen - Źródła, losy środowiskowe i charakterystyka ryzyka. *Science Dossier*. Odzyskane 5 listopada 2012 r., z http://www.eurochlor.org/media/14951/8-5-9 sd hcb.pdf

BARBOSA M.O., MOREIRA N.F.F., RIBEIRO A.R:, PEREIRA M.F.R., SILVA A.M.T. (2016) Występowanie i usuwanie organicznych mikrozanieczyszczeń: Przegląd listy obserwacyjnej decyzji UE 2015/495. *Badania wody* 94: 257-279.

BAUER R., FALLMANN H. (1997) Utlenianie foto-Fentonowe to tania i skuteczna metoda oczyszczania ścieków. *Res.Chem. Intermed* 23: 341.

BEDIENT, P. B., RIFAI, H. S., NEWELL, C. J. (1994). Zanieczyszczenie wód gruntowych: Transport i rekultywacja. Englewood Cliffs, NJ, USA: Prentice Hall.

BELTRAN F.J. (2003) Kinetyka reakcji ozonowej dla systemów wodnych i ściekowych. *Lewis Publishers*. Nowy Jork, USA.

BELTRÁN F.J., GONZÁLES J.F., ÁLVAREZ P., PROTOMÁRTIR P. (1999) Improvement of domestic wastewater primary sedimentation through ozonation. *Ozon: Sci. & Eng. 21*(6): 605-614. doi: 10.1080/01919512.1999.10382896

BERGER M., LÖFFLER D., TERNES T., HEININGER P., RICKING M., SCHWARZBAUER J. (2016) Hexachlorocyclohexane derivatives in industrial waste and samples from a contaminated riverine system. *Chemosfera* 159: 219-226.

BENITEZ F.J., ACERO J.L., GONZALES T., GARCIA J. (2001) Usuwanie materiałów organicznych ze ścieków przemysłu czarnych oliwek przy pomocy procedur chemicznych i biologicznych. *Biochemia procesowa* 37(3): 257-265. https://doi.org/10.1016/S0032-9592(01)00209-6

BHATT P., KUMAR M.S., CHAKRABARTI T. (2009) Fate and degradation of POP-hexachlorocyclohexane. Krytyczne. Rev. *Environ. Sci. Technol.* 39: 655–695.

BLANCO J. (2003) Development of CPC solar collectors for application to photochemical degradation of persistent pollutants in water. Redakcja *CIEMAT*. Madryt, Hiszpania. (w języku hiszpańskim).

BOBU M.M., SIMINICEANU I., LUNDANES, E. (2007) Monuron i mineralizacja izoproturonu w wodzie przez niejednorodny proces foto-Fenton. *Rev. Chim* 58: 988-991.

BREIVIK K., SWEETMAN A., PACYNA J.M., JONES K.C. (2002) Towards a global historical emission inventory for selected PCB congeners - a mass balance approach. 2. Emisje. *Sci. Total Environ.* 290: 199–224.

BURNS D. (2010) Eliminacja organicznych mikrozanieczyszczeń w oczyszczalniach ścieków. *IWA*.

CAMEL V., BERMOND A. (1998) The Use of Ozone and Associated Oxidation Processes in Drinking Water Treatment. *Woda Res* 32(11): 3208-3222.

CATALKAYA E.C., KARGI F. (2007) Effects of operating parameters on advanced oxidation of diuron by the Fenton's reagent: a statistical design approach. *Chemosfera* 69: 485–492.

CATALKAYA E.C., KARGI F. (2009) Degradacja i mineralizacja symazyny w roztworze wodnym przez zaawansowane utlenianie ozonem/nadtlenkiem wodoru. *J. Environ. Eng.* 135, 1357–1364.

CHELME-AYALA P., EL-DI, M.G., SMITH D.W. (2010) Degradacja bromoksynilu i trifluraliny w naturalnej wodzie poprzez bezpośrednią fotolizę i zaawansowany proces utleniania UV plus H2O2. *Woda Res.* 44: 2221-2228.

CHEN W.R., WU C., ELOVITZ M.S., LINDEN K.G., MEL SUFFET I.H. (2008) Reakcje tiokarbaminianu, herbicydów triazynowych i mocznikowych, RDX i benzenów na liście kandydackiej substancji zanieczyszczającej EPA z ozonem i rodnikami hydroksylowymi. *Water Res.* 42: 137-144.

CHIU L.-H., HUANG D.-S. (1991) Adsorpcyjne oddzielanie pęcherzyków powietrza od heptachloru i hydroksychlordanu. *Nauka i technika rozdzielania* (26): 73-83.

CROLL B.T. (1996) Instalacja GAC i Ozonowych Oczyszczalni Wód Powierzchniowych w Anglian Water, Wielka Brytania. *Ozon: Sci. & Eng.* 18: 19–40.

DE LUCA A., DANTAS R.F., SIMÕES A.S.M., TOSCANO I.A.S., LOFRANO G., CRUZ A., ESPLUGAS S. (2013) Usuwanie atrazyny w miejskich ściekach wtórnych przez Fenton i zabiegi foto-Fenton. *Chem. Eng. Technol.* 36: 2155–2162.

DE OLIVEIRA A.G., RIBEIRO J.P., DE OLIVEIRA J.T., DE KEUKELEIRE D., DUARTE M.S., DO NASCIMENTO R.F. (2014) Degradacja pestycydu chlorpyrifos w roztworach wodnych przy użyciu UV/H2O2:optymalizacja i efekt zakłócających anionów. *J. Adv. Oxid. Technol.* 17: 133–138.

DERCO J., DUDÁŠ J., ŠILHÁROVÁ K., VALIČKOVÁ M., MELICHER M. I LUPTÁKOVÁ A. (2012a)Usuwanie wybranych mikrozanieczyszczeń przez ozonowanie. *Transakcje inżynierii chemicznej* 29: 1315-1320. DOI: 10.3303/CET1229220

DERCO J., DUDÁŠ, J., ŠILHÁROVÁ, K., VALIČKOVÁ, M., MELICHER, M., LUPTÁKOVÁ, A. (2012b)Usuwanie wybranych mikrozanieczyszczeń poprzez ozonowanie. Obrady 15. konferencji na temat integracji procesów, modelowania i optymalizacji w zakresie oszczędzania energii i redukcji zanieczyszczeń. PŘES. Wydrukowano: ČSCHI, Praga, s. 1315-1320. 25-29 sierpnia 2012 r., Praha, CZ. JESTBN 978-88-95608-20-4, ISSN 1974-9791.

DERCO J., VALIČKOVÁ M., ŠILHÁROVÁ K., DUDÁŠ J., LUPTÁKOVÁ A. (2013)Usuwanie wybranych chlorowanych mikrozanieczyszczeń poprzez ozonowanie. *Chem. Papiery67*(12): 1585-1593.

DERCO, J., URMINSKÁ, B., KASSAI A., ŠIMOVIČOVÁ, K. (2018)Usuwanie substancji priorytetowych i mikrozanieczyszczeń za pomocą procesów ozonowania. W Mladá voda břehy mele 2018, Obrady 1. konferencji, 14. 06. 2018, Brno: Young Water Professionals Czech, 2018, online, s. 5-15. JESTBN 978-80-270-3802-2. W języku słowackim.

DERCO J., URMINSKÁ B., VALIČKOVÁ, M., VRABEĽ, M., ČIŽMÁROVÁ, O. (2019)Usuwanie badanych pestycydów i mikrozanieczyszczeń za pomocą procesów ozonowania. Vodní hospodářství (3/19): 19-22. W języku słowackim.

DERROUICHE S., BOURDIN D., ROCHE P., HOUSSAIS B., MACHINAL C., COSTE M., RESTIVO J., ORFAO J.J.M., PEREIRA M.F.R., MARCO Y., GARCIA-BORDEJE E. (2013) Process design for wastewater treatment: catalytic ozonation of organic pollutants. *Water Sci. Technol.* 68: 1377–1383.

DYREKTYWA 2000/60/WE PARLAMENTU EUROPEJSKIEGO I RADY Z DNIA 23 PAŹDZIERNIKA 2000 R. USTANAWIAJĄCA RAMY WSPÓLNOTOWEGO DZIAŁANIA W DZIEDZINIE POLITYKI WODNEJ. *Wyłączone. J. Eur. Wspólnoty*, L 327/1.

DYREKTYWA PARLAMENTU EUROPEJSKIEGO I RADY 2008/105/WE Z DNIA 16 GRUDNIA 2008 R. W SPRAWIE ŚRODOWISKOWYCH NORM JAKOŚCI W DZIEDZINIE POLITYKI WODNEJ, zmieniająca i w następstwie uchylająca dyrektywy Rady 82/176/EWG, 83/513/EWG, 84/156/EWG, 84/491/EWG, 86/280/EWG oraz zmieniająca dyrektywę 2000/60/WE Parlamentu Europejskiego i Rady. *Wyłączone. J. L* 348: 84-97.

DYREKTYWA 2013/39/UE PARLAMENTU EUROPEJSKIEGO I RADY Z DNIA 12 SIERPNIA 2013 R. zmieniająca dyrektywy 2000/60/WE i 2008/105/WE w odniesieniu do substancji priorytetowych w dziedzinie polityki wodnej Tekst mający znaczenie dla EOG. *Wyłączone. J. L* 226: 1-17.

DJEBBAR K.E., ZERTAL A., DEBBACHE N., SEHILI T. (2008) Comparison of Diuron degradation by direct UV photolysis and advanced oxidation processes. *J. Environ. Zarządzanie*. 88: 1505–1512.

DOMENECH X., JARDIM W.F., LITTER M.I. (2004) Advanced oxidation processes for contaminant removal. W: Usuwanie zanieczyszczeń poprzez heterogeniczną fotokatalizację. *Editorial CIEMAT*, Madryt, Hiszpania. (w języku hiszpańskim).

ESPLUGAS S., CONTRERAS S., OLLIS D.F. (2004) Inżynieryjne aspekty integracji utleniania chemicznego i biologicznego: proste modele mechaniczne dla procesu utleniania. J. z Envi. Eng. 130(9): 967–974. ISSN 0733-9372

FAN X., RESTIVO J., ÓRFÃO J.J.M., PEREIRA M.F.R., LAPKIN A.A. (2014) Rola wielościennych nanorurek węglowych (MWCNT) w katalitycznym ozonowaniu atrazyny. *Chem. Eng. J.* 241: 66–76.

FELSOT A., RACKE K.D., HAMILTON D.J. (2003) Unieszkodliwianie i degradacja odpadów pestycydowych. *Księdza Envi. Contam. i Toxi.* 177: 123–200. ISSN 0179-5953.

ORGANIZACJA NARODÓW ZJEDNOCZONYCH DS. WYŻYWIENIA I ROLNICTWA (2005) Międzynarodowy kodeks postępowania w sprawie dystrybucji i stosowania pestycydów: przyjęty przez sto dwadzieścia trzecią sesję *Rady FAO* w listopadzie 2002 r. Rzym. ISBN 92-5-105411-8. http://www.fao.org/docrep/018/a0220e/a0220e00.pdf

GICQUEL, L., WOLBERT, D., I LAPLANCHE, A. (1997) Adsorpcja atrazyny przez sproszkowany węgiel aktywny: Wpływ rozpuszczonych substancji organicznych i mineralnych wód naturalnych. *Fr. Environ. Technol.* 18 (5): 467–478.

GOGATE P. R., PANDIT A. B. (2004a) A review of imperative technologies for wastewater treatment I: oxidation technologies at ambient conditions. *Adv. Environ. Res.* 8: 501-551.

GOGATE P.R., PANDIT A.B. (2004b) Przegląd technologii niezbędnych do oczyszczania ścieków II: metody hybrydowe. *Adv. Environ. Res.* 8: 553-97.

GRČIĆ I., MUŽIC M., VUJEVIĆ D., KOPRIVANAC N. (2009) Evaluation of atrazine degradation in UV/FeZSM-5/H2O2 system using factorial experimental design. *Chem. Eng. J.* 150: 476–484.

GRIFFINI O., BAO M.L., BURRINI D., SANTIANNI D., BARBIERI C., PANTANI F. (1999) Usuwanie pestycydów podczas procesu uzdatniania wody pitnej we Florencji, Włochy. *J. Water SRT - Aqua* 48(5): 177-185.

HELBLE A., SCHLAYER W., LIECHTI P.-A., JENNY R., MÖBIUS C.H. (1999) Zaawansowane oczyszczanie ścieków w przemyśle celulozowo-papierniczym z połączonym procesem ozonowania i reaktorami biofilmu ze stałym złożem. *Water Sci. and Tech.* 40: 340–350.

HOLLENDER J., ZIMMERMANN S.G., KOEPKE S., KRAUSS M., MCARDELL CH. S., ORT CH., SINGER H., VON GUNTEN, U., SIEGRIST, H. (2009) Eliminacja organicznych mikrozanieczyszczeń w miejskiej oczyszczalni ścieków zmodernizowanej z pełną skalą poozonowania, a następnie filtracji piaskowej. *Środowisko. Sci. Technol.* 43, 20: 7862–7869.

IKEHATA K., EL-DIN M.G. (2005) Aqueous pesticide degradation by ozonation and ozone-based advanced oxidation processes: Przegląd (część I). *Ozone Science and Engineering27* : 83-114.

JAMES C.P., GERMAIN E., JUDD S. (2014) Micropollutant removal by advanced oxidation of microfiltered secondary effluent for water reuse. *Sep. Purif. Technol.* 127: 77–83.

JAYARAJ R., PANKAJSHAN M., PUTHUR S. (2016) Pestycydy chloroorganiczne, ich toksyczny wpływ na organizmy żywe i ich los w środowisku naturalnym. *Toksykologia interdyscyplinarna*
9(3-4): 90-100. doi: 10.1515/intox-2016-0012. ISSN 1337-9569

KENFACK S., SARRIA V., WÉTHÉ J., CISSÉ G., MAÏGA A.H., KLUTSE A., PULGARIN C. (2009) From Laboratory studies to the field applications of advanced oxidation processes: a case study of technology transfer from Switzerland to Burkina Faso on the field of photochemical detoxification of biorecalcitrant chemical pollutants in water. *Int. J. Photoenergy* 2009: 1–8.

KHAN J.A., HE X., SHAH N.S., KHAN H.M., HAPESHI E., FATTA-KASSINOS D., DIONYSIOU D.D. (2014) Kinetic and mechanism investigation on the photochemical degradation of atrazine with activated H2O2, S2O82- and HSO5-. *Chem. Eng. J.* 252: 393–403.

KIELHORN J., SCHMIDT S., MANGELSDORF I., HOWE P. (2006) Heptachlor (Zwięzły międzynarodowy dokument oceny chemicznej 70). Monks Wood, Wielka Brytania: *Centre for Ecology & Hydrology.*

KING T.L., LEE K., YEATS P., ALEXANDER R. (2003) Chlorobenzenes in snow crab (Chionoecetes opilio): monitoring czasowy po przypadkowym uwolnieniu. *Byk. Środowisko. Contam. Toxicol.* 71: 543–550.

KIPOPOULOU A.M., ZOUBOULIS A., SAMARA C., KOUIMTZIS T. (2004) The fate of Lindane in the conventional activated sludge treatment process. *Chemosfera* 55: 81–91.

KLEANTHI G., LYKERIDOU K., PROTOPAPA E., LAZARIS A. (2008) Mechanizmy działania i skutki zdrowotne substancji organochlorowych: Rewizja. *Health Science Journal* 2: 89-99.

KOLPIN D. W., BARBASH J. E., GILLIOM R. J. (1998) Occurrence of Pesticides in Shallow Groundwater of the United States: Wstępne wyniki Narodowego Programu Oceny Jakości Wody. *Środowisko. Sci. Technol* 32(5): 558-566.

KUMAR D. (2018) Biodegradacja γ-heksachlorocykloheksanu przez Burkholderia sp. IPL04. *Biokataliza i Biotechnologia Rolnicza* 16: 331-339.

KUSVURAN E., ERBATUR O. (2004) Degradacja aldryny w układzie adsorpcyjnym przy użyciu zaawansowanych procesów utleniania: porównanie metod przetwarzania. *J. Hazard. Złomek.* 106: 115–125.

LAMBERT S., GRAHAM N. (1995) Removal of non-specific dissolved organic mater from upland potable water supplies-ii. ozoniation and adsorption. *Water Research* 29: 2427-2433.

LAPERTOT M., PULGARÍN C., FERNÁNDEZ-IBAÑEZ P., MALDONADO M.I.; PÉREZ-ESTRADA L., OLLER I. (2006) Enhancing biodegradability of priority substances (pesticides) by solar photo-Fenton. *Water Res.* 40: 1086-1094.

LECLOUX, A. (2004) Hexachlorobutadien - Źródła, losy środowiskowe i charakterystyka ryzyka. *Science Dossier.* Odebrane 5 listopada 2012 r., z http://www.eurochlor.org/media/14939/8-5-5_sd_hcbd.pdf

LEKKERKERKER-TEUNISSEN K., KNOL A.H., DERKS J.G., HERINGA M.B., HOUTMAN C.J., HOFMAN-CARIS C.H.M., BEERENDONK E.F., REUS A., VERBERK J.Q.J.C., VAN DIJK J.C. (2013) Wyniki zakładu pilotażowego z trzema różnymi rodzajami lamp UV do zaawansowanego utleniania. *Ozone Sci. Eng.* 35: 38–48.

LI Z., JENNINGS A. (2017) Worldwide Regulations of Standard Values of Pesticides for Human Health Risk Control: Recenzja. *International J. of Environ. Badania i zdrowie publiczne* 14: 826-831. doi:10.3390/ijerph14070826

MACKUĽAK T., PROUSEK J., ŠVORC L.U. (2011) Degradacja atrazyny przez Fenton i zmodyfikowane reakcje Fentona. *Monatsh. Chem.* 142: 561–567.

MALDONADO M.I., MALATO S., PÉREZ-ESTRADA L.A., GERNJAK W., OLLER I., DOMÉNECH X., PERAL J. (2006) Częściowa degradacja pięciu pestycydów i zanieczyszczenia przemysłowego przez ozonowanie w reaktorze w instalacji pilotażowej. *J. Hazard. Złomek.* 138: 363–369.

MARCO A., ESPLUGAS S., SAUM G. (1997) How and why combine chemical and biological proceses for wastewater treatment. *Water Sci. and Technology35*(4): 321-327. ISSN 0273-1223.

MATĚJŮ, V. I ZESPÓŁ AUTORÓW (2006) *Kompendium metod dekomtaminacji*. Opublikowano w Vodní zdroje Ekomonitor spol. s.r.o., Chrudim, ISBN 80-86832-15-5. W języku czeskim.

MREMA E. J., RUBINO F.M., BRAMBILLA G., MORETTO A., TSATSAKIS A.M., COLOSIO C. (2012) Persistent organicochlorinated pesticides and mechanisms of their toxicity. *Toksykologia* 10(307): 74-88. doi: 10.1016/j.tox.2012.11.015.

MUÑOZ, R., GUIEYSEE B. (2006) Algalsko-bakteryjne procesy przetwarzania niebezpiecznych zanieczyszczeń: przegląd. *Water Res.* 40: 2799-2815.

NARODOWY PROGRAM TOKSYKOLOGICZNY. Departament Zdrowia i Usług Społecznych USA. 14. sprawozdanie w sprawie czynników rakotwórczych. Dostępny na stronie https://ntp.niehs.nih.gov/pubhealth/roc/index-1.html.

NITOI I., ONCESCU T., OANCEA P. (2013) Mechanizm i badanie kinetyczne degradacji lindanu w procesie fotofentonowym. *J. Ind. Eng. Chem.* 19: 305–309.

OLIVEIRA C., ALVES A., MADEIRA L.M. (2014) Oczyszczanie sieci wodnych (wody i osady) zanieczyszczonych chlorfenwinfosem przez utlenianie odczynnikiem Fentona. *Chem. Eng. J.* 241: 190–199.

ORMAD M.P., MIGUEL N., CLAVER A., MATESANZ J.M., OVELLEIRO J.L. (2008) Usuwanie pestycydów w procesie produkcji wody pitnej. *Chemosfera* 71: 97–106.

ORMAD P. M., MIGUEL N., LANAO M., MOSTEO R., OVELLEIRO L. J. (2010) Effect of application of ozone and ozone combined with hydrogen peroxide and titanium dioxide in the removal of pesticides from water. *Sci. and Engineering: The J. of the International Ozone Association* 32: 25-32. doi: 10.1080/01919510903482764

OTURAN N., PANIZZA M., OTURAN M.A. (2009) Spalanie na zimno chlorofenoli w roztworze wodnym za pomocą zaawansowanego procesu elektrochemicznego elektro-Fenton. Wpływ liczby i położenia atomów chloru na kinetykę degradacji. *J. Phys. Chem. A* 113: 10988–10993.

OTURAN N., BRILLAS E., OTURAN M.A. (2011) Bezprecedensowa całkowita mineralizacja atrazyny i kwasu cyjanurowego poprzez utlenianie anodowe i elektro-Fenton z diamentową anodą z domieszką boru. *Środowisko. Chem. Lett.* 10: 165–170.

PÁL J., GEREGELY S., LEŠINSKÝ D., VEVERKA M. (2011) Pestycydy w wodzie - problemy i rozwiązania w rolnictwie. (w języku słowackim). ISBN 978-963-9999-06-0

PAKNIKAR K.M., NAGPAL V., PETHKAR A.V., RAJWADE J.M. (2005) Degradacja Lindanu z roztworów wodnych za pomocą nanocząstek siarczku żelaza stabilizowanych przez biopolimery. *Sci. and Tech. of Advanced Materials* 6: 370-374.

PATERLINI W.C., NOGUEIRA R.F. (2005) Multivariate analysis of photo-Fenton degradation of the herbicides tebuthiuron, diuron and 2,4-D. *Chemosfera* 58: 1107–1116.

PAVLOSTATHIS S.G., PRYTULA M.T. (2000) Kinetyka sekwencyjnego mikrobiologicznego odchlorowania redukcyjnego heksachlorobenzenu. *Środowisko. Sci. Technol.* 34: 4001–4009.

Cel Zdrowia Publicznego dla Heptachloru i Epoksydu Heptachloru w wodzie pitnej. Office of Environmental Health Hazard Assessment, California. Sekcja Pestycydów i Toksykologii Środowiskowej *Agencji Ochrony Środowiska,* dr Anna M. Fan, szefowa. luty 1999 r.

QIANG Z., LIU C., DONG B., ZHANG Y. (2010) Mechanizm degradacji alachloru podczas bezpośredniego ozonowania i zaawansowanego procesu utleniania O3/H2O2. *Chemosfera* 78: 517–526.

RATOLA N., BOTELHO C., ALVES A. (2003) Zastosowanie kory sosnowej jako naturalnego adsorbentu dla trwałych zanieczyszczeń organicznych - badanie adsorpcji lindanu i heptachloru. *Journal of Chemical Technology and Biotechnology* 78: 347-351.

REED N.R., KOSHLUKOVA S. (2014) Heptachlor. *Encyklopedia Toksykologii* 2: 840-845. http://dx.doi.org/10.1016/B978-0-12-386454-3.00149-4

REYNOLDS G., GRAHAM N., PERRY R., RICE R. (1989) Aqueous ozonation of pesticides: Recenzja. *Ozone Sci. & Eng.* 11: 339–382.

RIBEIRO A.R., NUNES O.C., PEREIRA M.F.R.; SILVA A.M.T. (2015) Przegląd zaawansowanych procesów utleniania stosowanych do oczyszczania zanieczyszczeń wody określonych w niedawno uruchomionej dyrektywie 2013/39/UE. *Environment International75*: 33-51.
doi: 10.1016/j.envint.2014.10.027. ISSN 01604120.

RICHARDS R.P., BAKER D.B. (1993) Pesticide concentration patterns in agricultural drainage networks in the Lake Erie basin. *Środowisko. Toxicol. Chem.* 12: 13–26.

RIZZO L., MERIC S., GUIDA M., KASSINOS D., BELGIORNO V. (2009) Niejednorodna kinetyka fotokatalitycznej degradacji i detoksykacji ścieków z miejskiej oczyszczalni ścieków zanieczyszczonych środkami farmaceutycznymi. *Woda Res.* 43: 4070-4078.

RIZZO L. (2011) Bioassays jako narzędzie do oceny zaawansowanych procesów utleniania w oczyszczaniu wody i ścieków. *Badania nad wodą* 45(15): 4311-4340. https://doi.org/10.1016/j.watres.2011.05.035

RUBIO M.I.M., GERNJAK W., ALBEROLA I.O., GÁLVEZ J.B., FERNÁNDEZ-IBÁÑEZ P., RODRÍGUEZ S.M. (2006) Foto-Fentonowa degradacja alachloru, atrazyny, chlorfenwinfosu, diuronu, izoproturonu i pentachlorofenolu w słonecznym zakładzie pilotażowym. *Int. J.*

Environ. Pollut. 27: 135–147.

SAEZ J.M., ALVAREZ A., FUENTES M.S., AMOROSO M.J., BENIMELI C.S. (2017) An Overview on Microbial Degradation of Lindane. W książce *Microbe-Induced Degradation of Pesticides191-212*, Springer, Cham.

SANCHES S., PENETRA A., RODRIGUES A., CARDOSO V.V., FERREIRA E., BENOLIEL M.J., BARRETO CRESPO M.T., CRESPO J.G., PEREIRA V.J. (2013) Usuwanie pestycydów z wody łączące niskociśnieniową fotolizę UV z nanofiltracją. *Sep. Purif. Technol.* 115: 73–82.

SANCHIS S., POLO A.M., TOBAJAS M., RODRIGUEZ J.J., MOHEDANO A.F. (2014) Coupling Fenton and biological oxidation for the removal of nitrochlorinated herbicides from water. *Water Res.* 49: 197-206.

SANTIAGO-MORALES J., GOMEZ M.J., HERRERA-LOPEZ S., FERNANDEZ-ALBA A.R., GARCIA-CALVO E., ROSAL R. (2013) Efektywność energetyczna w zakresie usuwania zanieczyszczeń niepolarnych podczas naświetlania ultrafioletem, fotokatalizy światła widzialnego i ozonowania ścieków. *Water Res.* 47: 5546-5556.

SARRIA V., DERONT M., PERINGER P., PULGARIN C. (2003) Degradacja biorekalcytancyjnego prekursora barwnika obecnego w ściekach przemysłowych poprzez nową, zintegrowaną obróbkę fotobiologiczną żelaza (III). *Zastosowana kataliza B: Środowiskowe* 40(3): 231-246. ISSN 0926-3373

SCOTT J.P., OLLIS D.F. (1997) Integracja chemicznych i biologicznych procesów utleniania dla oczyszczania wody II. Ostatnie wydarzenia. *J. z Advanced Oxidation Technologie* 2: 374-380. ISSN 1203-8407

SHAH N.S., HE X., KHAN H.M., KHAN J.A., O'SHEA K.E., BOCCELLI D.L., DIONYSIOU D.D. (2013) Skuteczne usuwanie endosulfanowego roztworu aromatycznego przez UV-C/nadtlenki: badanie porównawcze. *J. Hazard. Złomek.* 263(2): 584–592.

SHIH, Y.-K., HAN, D.-W., HUANG, D.-SH. (1990) Rozpuszczalnikowe poddanie heksachlorobutadienu i 2,4,6-trichlorofenolu. *Nauka i technika rozdzielania* 25: 477-487.

SOMICH C.J., MULDOON M.T., KEARNEY P.C. (1990) Przetwarzanie na miejscu odpadów pestycydów i płukanie z wykorzystaniem ozonu i gleby biologicznie czynnej. *Środowisko. Sci. andTechnology24*: 745-749. ISSN 0013-936X

SRIJATA M., PRANAB R. (2001) BTEX: poważne zanieczyszczenie wód gruntowych. Res. J. Environ. Sci. 5: 394-398. DOI: 10.3923/rjes.2011.394.398

STAREK-ŚWIECHOWICZ B., BUDZISZEWSKA B., STAREK A. (2017) Heksachlorobenzen jako trwałe zanieczyszczenie organiczne: Toksyczność i molekularny mechanizm działania. *Sprawozdania farmakologiczne* 69: 1232-1239. doi: https://doi.org/10.1016/j.pharep.2017.06.013

STEBER, J., WIERICH, P. (1986) Properties of hydroxyethanol diphosphonate affecting environmental fate: degradability, sludge adsorption, mobility in soils, and bioconcentration. *Chemosfera* 15: 929-45.

KONWENCJA SZTOKHOLMSKA (2001). *Konwencja sztokholmska w sprawie trwałych zanieczyszczeń organicznych*, 23 maja 2001 r., Sztokholm.

KONWENCJA SZTOKHOLMSKA (2009). *Rządy zjednoczą się w celu zwiększenia redukcji globalnego uzależnienia od DDT i dodają dziewięć nowych substancji chemicznych na mocy międzynarodowego traktatu. Konwencja Sztokholmska w sprawie trwałych zanieczyszczeń organicznych.* 9 maja 2009 r., Genewa.

THACKER N.P., VAIDYA M.V., SIPANI M., KALRA A. (1997) Technologia usuwania zanieczyszczeń pestycydami w wodzie pitnej. J. Environ Sci. Health B 32(4): 483-496.

AMERYKAŃSKA AGENCJA OCHRONY ŚRODOWISKA. *Odkładanie się zanieczyszczeń powietrza na Wielkich Wodach.* Pierwszy raport do Kongresu. EPA-453/R-93-055. Office of Air Quality Planning and Standards, Research Triangle Park, NC. 1994.

AMERYKAŃSKA AGENCJA OCHRONY ŚRODOWISKA. *Zintegrowany system informacji o ryzyku (IRIS) dotyczący heksachlorobutadienu.* National Center for Environmental Assessment, Office of Research and Development, Washington, DC. 1999.

AMERYKAŃSKA AGENCJA OCHRONY ŚRODOWISKA. Wskazówki *zdrowotne dotyczące heptachloru i epoksydu heptachloru.* Washington, DC. 1987.

AMERYKAŃSKA AGENCJA OCHRONY ŚRODOWISKA. *Wstępne informacje o produkcji, przetwarzaniu, dystrybucji, użytkowaniu i utylizacji: Hexachlorobutadien.* Dokument pomocniczy dla Docket EPA-HQ-OPPT-2016-0738. 2017.

VALIČKOVÁ M. (2012a) Mineralizácia a transformácia škodlivých látok pôsobením ozónu. *Projekt dizertačnej práce* 1-77.

VALIČKOVÁ M., DERCO J., ŠIMOVIČOVÁ K., MELICHER M., CZÖLDEROVÁ M. (2012b) Usuwanie wybranych pestycydów przez ozonowanie i UV. W *39. Międzynarodowej Konferencji Słowackiego Towarzystwa Inżynierii Chemicznej: Postępowanie. Tatranské Matliare, 21-25 maja 2012.*Opublikowano w Bratysławie: Nakladateľstvo STU, 2012, s. 275-282.

VALIČKOVÁ M. (2014) Mineralizacja i przemiana substancji szkodliwych z ozonem. Praca dyplomowa. FCHPT-100239-16155. SCHK, Bratysława. W języku słowackim.

VALIČKOVÁ M., DERCO J., ŠIMOVIČOVÁ K. (2013a) Usuwanie wybranych pestycydów poprzez adsorpcję. *Acta Chimica Slovaca* 6(1): 25-28.

VALIČKOVÁ M., DERCO J., ŠIMOVIČOVÁ K. (2013b) Usuwanie chloroorganicznych pestycydów za pomocą ozonowania adsorpcyjnego. In *International conference*

Contaminated sited Bratislava, Slovakia 29-31 May 2013: conference proceedings. pp: 204-207, ISBN 978-80-88833-59-8.

VALIČKOVÁ M., DERCO J., ŠIMOVIČOVÁ K. (2013c). *In Proceedings of the 40th International Conference of Slovak Society of Chemical Engineering, Tatranské Matliare, Slovakia 27-31 May 2013.* pp: 262–268. JESTBN 978-80-89475-09-4.

VAN DE PLASSCHE E., SCHWEGLER A., RASENBERG M., SCHOULTEN G. (2001) Pentachlorobenzene. Nominacja Dossier do włączenia do Konwencji sztokholmskiej w sprawie trwałych zanieczyszczeń organicznych.

VAN DER HOEK J.P., HOFMAN J., GRAVELAND A. (1999) Zastosowanie biologicznej filtracji na węglu aktywowanym do usuwania z wody naturalnych substancji organicznych i organicznych mikrozanieczyszczeń. *Water Sci. and Tech.* 40(9): 257–264.

VARE, L. (2006) Who is polluting the Artic? *Planeta Ziemia* 2006:14-15.

VARGAS R., DÍAZ S., VIELE L., NÚÑEZ O., BORRÁS C., MOSTANY J., SCHARIFKER B.R. (2014) Elektrochemiczne utlenianie dichlorfosu na elektrodach SnO2-Sb2O5. *Appl. Catal. B144*
: 107–111.

VOHRA R. (2010) Zatrucie lindanem i chlorem organicznym. Kalifornijski system kontroli zatruć.

VORKAMP K., BOSSI R., BESTER K., BOLLMANN U., BOUTRUP S. (2014) Nowe substancje priorytetowe europejskiej ramowej dyrektywy wodnej: Biocydy, pestycydy i bromowane środki przywracające płomień w środowisku wodnym Danii. *Sci. of The Tot. Środowisko* 470-471: 459-468. https://doi.org/10.1016/j.scitotenv.2013.09.096

WANG M.-J., JONES K.C. (1994) Behavior and fate of chlorobenzenes in spiked and sewage sludge-amended soil. *Środowisko. Sci. Technol.* 28: 1843–1852.

XUE K.J.H., WEI. D.Y., JIA X.S., LU G.Y., LIU G.L. (2008). Kinetyka i analiza mechanizmów degradacji heksachlorobenzenu w wodzie poprzez zaawansowany proces utleniania. *Maj* 29(5):1277-83.

XUE X., HANNA K., DESPAS C., WU F., DENG N. (2009) Effect of chelating agent on the oxidation rate of PCP in the magnetite/H2O2 system at neutral pH. *J. Mol. Catal. A Chem*. 311: 29–35.

YEBER M.C., RODRÍGUEZ J., FREER J., BAEZA J., DURÁN N., MANSILLA H.D. (1999) Advanced oxidation of a pulp mill bleaching wastewater. Chemosfera 39(10): 1697-1988.

YOUNG E., BANKS C.J. (1998) The Removal of Lindane from Aqueous Solution using a Fungal Biosorbent: Wpływ pH, temperatury, stężenia biomasy i wieku kultury. *Technologia środowiskowa19*(6): 619-625. DOI: 10.1080/09593331908616718. ISSN 0959-3330

Printed by Books on Demand GmbH, Norderstedt / Germany